Sitzungsberichte
der Akademie der Wissenschaften
der DDR
Jahrgang 1980 · Nr. 21/N
Mathematik – Naturwissenschaften – Technik

# Aus der Arbeit der Forschungsbereiche der AdW der DDR

## Festkolloquium zum 70. Geburtstag des Präsidenten Hermann Klare

AKADEMIE-VERLAG · BERLIN
1981

Festkolloquium am 31. Mai 1979
aus Anlaß des 70. Geburtstages von
Hermann Klare, Präsident der Akademie
der Wissenschaften der DDR, veranstaltet
vom Präsidium und der Klasse Chemie der AdW der DDR

Herausgegeben im Auftrage
des Präsidenten der Akademie
der Wissenschaften der DDR
von Vizepräsident Prof. Dr. Heinrich Scheel

ISSN 0138—3956
Erschienen im Akademie-Verlag, DDR-1080 Berlin, Leipziger Str. 3–4

Lizenznummer: 202 · 100/40/81
Gesamtherstellung: VEB Druckhaus Köthen
Bestellnummer: 7629041 (2010/80/21/N) · LSV 1275
Printed in GDR
DDR 10,50 M

# Inhalt

*Herbert Weiz*, Dr., Stellvertreter des Vorsitzenden des Ministerrates der DDR und Minister für Wissenschaft und Technik
Laudatio ........ 5

*Gerhard Keil*, Ordentliches Mitglied der Akademie der Wissenschaften der DDR, Leiter des Forschungsbereiches Chemie
Würdigung ........ 10

*Werner Scheler*, Ordentliches Mitglied der AdW der DDR, Direktor des Forschungszentrums für Molekularbiologie und Medizin
Zu Problemen des Arzneimittel- und Fremdstoff-Metabolismus im Säugerorganismus .. 37

*Günter Albrecht*, Korrespondierendes Mitglied der AdW der DDR, Leiter des Forschungsbereiches Physik, Kern- und Werkstoffwissenschaften
Physikalische Grenzen der Miniaturisierung integrierter Schaltungen ........ 50

*Heinz Stiller*, Ordentliches Mitglied der AdW der DDR, Leiter des Forschungsbereiches Geo- und Kosmoswissenschaften
Aktuelle Probleme der Physik des Erdinnern ........ 61

*Manfred Peschel*, Prof. Dr. rer. nat. habil., Leiter des Forschungsbereiches Mathematik/Kybernetik
*K. Heinze*, Dr., *Ch. Ljubo*, Dr.
Anwendung der Polyoptimierung auf textiltechnische Probleme ........ 67

*Werner Kalweit*, Ordentliches Mitglied der AdW der DDR, Leiter des Forschungsbereiches Gesellschaftswissenschaften
Zur ökonomischen Bewertung von Forschungsleistungen ........ 72

*V. V. Koršak*, Institut für elementorganische Verbindungen, Akademie der Wissenschaften der UdSSR, Moskau
Über Unregelmäßigkeiten der chemischen Struktur von Polymeren ........ 78

Herbert Weiz

# Laudatio

Sehr geehrter Herr Präsident,
liebe Genossen und Freunde,
verehrte Gäste!

Das heutige Festkolloquium der Akademie der Wissenschaften der Deutschen Demokratischen Republik ist ihrem langjährigen Präsidenten, Herrn Prof. Dr. Hermann Klare, aus Anlaß seines 70. Geburtstages gewidmet.

Wir ehren in ihm eine Persönlichkeit, deren Wirken mit dem erfolgreichen Voranschreiten der Wissenschaften und ihrer wachsenden gesellschaftlichen Wirksamkeit in unserem sozialistischen Staat auf das engste verbunden ist. Sein streitbares Bekenntnis zum gesellschaftlichen Fortschritt, seine feste Verbundenheit mit der Politik der Sozialistischen Einheitspartei Deutschlands, der von ihm verkörperte Maßstab hoher schöpferischer Leistung in der Forschung und der unermüdliche Einsatz, die Schätze des Wissens voll und ganz dem Wohle des Volkes dienstbar zu machen, legen davon beredtes Zeugnis ab.

Die Regierung der Deutschen Demokratischen Republik ehrt in Professor Klare den Forscher und Wissenschaftsorganisator, der Außerordentliches für die Entwicklung der Wissenschaft geleistet und maßgeblich zur Stärkung unseres sozialistischen Vaterlandes beigetragen hat. Sie würdigte seine großen Verdienste durch höchste staatliche Auszeichnungen.

Mit dem Jubilar verbindet viele von uns und auch mich ein bedeutendes Stück Weges, den wir gemeinsam zurückgelegt haben. Mit Freude und Genugtuung möchte ich zum Ausdruck bringen, daß dieses enge Zusammenwirken – vor allem geknüpft an sein 11jähriges Wirken als Präsident der Akademie der Wissenschaften – stets durch konstruktives Miteinander und kritisches Streben nach der jeweils besten Lösung geprägt war und ist. Sieben Jahrzehnte eines ereignis- und arbeitsreichen Lebens geben viel Anlaß, über Markantes zu berichten. Aber jeder wird mir beipflichten, wenn hier der große Anteil von Prof. Klare an der Entwicklung der Akademie der Wissenschaften während seiner Präsidentschaft als folgerichtige Krönung eines vielseitigen Schaffens hervorgehoben wird.

Die Gelehrtengesellschaft zur sozialistischen Forschungsakademie umzugestalten, erforderte Geduld, Überzeugungskraft und Zuversicht, bedurfte großer wissenschaftlicher Erfahrung und der Formierung eines leistungsfähigen Kollektivs. Wenn der IX. Parteitag der SED feststellen konnte, daß sich die Akademie der Wissenschaften durch ihre wissenschaftlichen Leistungen und die verantwortungsbewußte Tätigkeit ihrer Mitglieder und Mitarbeiter zum führenden wissenschaftlichen Zentrum unseres Landes entwickelt hat - so spiegelt sich darin nicht zuletzt das rastlose und energische Wirken ihres Präsidenten wider. Die Akademie der Wissenschaften verkörpert heute eine bedeutende wissenschaftliche Kraft, getragen von einem Kollektiv von mehr als 20000 Mitarbeitern. Ihre gesellschaftliche Stellung und ihr wissenschaftlicher Rang haben sich weiter ausgeprägt - sei es bei der Gewinnung bedeutsamer Erkenntnisse an der vordersten Front der Forschung, bei der Schaffung von Vorlauf für Spitzenleistungen der Industrie, bei der Vorbereitung strategischer Entscheidungen für die langfristige Entwicklung der Volkswirtschaft oder bei der Entwicklung der wissenschaftlich-technischen Zusammenarbeit mit der UdSSR und den anderen sozialistischen Ländern.

Von dem Vielen, was die Persönlichkeit des Präsidenten, die Maximen seines Handelns an der Spitze der Akademie charakterisiert, kann nur weniges hier zur Sprache kommen.

An erster Stelle ist die tiefe Einsicht in das gesellschaftlich Notwendige zu nennen, die sich verbindet mit einer hohen Bereitschaft, Verantwortung zu übernehmen und das als richtig Erkannte konsequent in die Tat umzusetzen. Dieser Haltung entspricht es, die Beschlüsse von Parteiführung und Regierung nicht allein als Ausdruck der Förderung und Fürsorge für wissenschaftliches Arbeiten zu verstehen, sondern viel mehr noch als Ansporn, ein höchstmögliches Niveau und Tempo des wissenschaftlich-technischen Fortschritts in unserem Lande zu sichern und dafür alle Kräfte der Akademie zu mobilisieren. Mit Engagement und Leidenschaft hat sich Prof. KLARE ständig dafür eingesetzt, die Forschungen an der Akademie mit den grundlegenden Aufgabenstellungen unserer Gesellschaft zu verbinden und die Ergebnisse im Interesse ihrer stetigen Höherentwicklung wirksam zu machen.

Größte Aufmerksamkeit galt dabei stets der Herausarbeitung langfristig tragfähiger Aufgaben und Ziele für die Grundlagenforschung, die sich Jahr für Jahr in wachsenden Nutzen für die Gesellschaft und in Fortschritte der Wissenschaft umsetzen. Das erwies sich beispielsweise auch, als es darum ging, hohe Leistungsbeiträge der Akademie für die Mikroelektronik vorzubereiten und damit den Nachweis zu führen, daß sich die Akademie der Herausforderung dieser grundlegenden Seite der wissenschaftlich-technischen Revolution zu stellen vermag. Gestützt auf die Kenntnisse und Erfahrungen der wissenschaftlichen Beiräte trug er dafür Sorge, die Schwerpunkte für die Profilierung des Potentials der Akademie zu bestimmen und ursprünglich isolierte Kapazitäten mit hohem Effekt zusammenzuführen. Stets war es das erklärte Anliegen, dem Zusammenwirken von Natur- und Gesellschaftswissenschaften spürbare Impulse zu verleihen.

Für Prof. KLARE bildete Vorausschau immer einen unmittelbaren Bestandteil wissenschaftlichen Arbeitens. Das wird besonders deutlich in der großen Sorgfalt, die an der Akademie der konzeptionellen Phase der Arbeiten für langfristige Forschungsprogramme und für perspektivische Belange der Industriekooperation entgegengebracht wird. Mit Studien und Entscheidungsgrundlagen für solche strategischen volkswirtschaftlichen Problemstellungen wie die rationelle Energieanwendung oder die Nutzung einheimischer Rohstoffe – die Beispiele sozialistischer Gemeinschaftsarbeit, Dokumente kollektiven Wissens von Vertretern der Akademie, der Hochschulen und der Industrie sind – wurden wesentliche Richtungen des wissenschaftlich-technischen Fortschritts vorgezeichnet.

Undenkbar wäre das Wirken der Akademie ohne die fruchtbringende Entfaltung der Forschungskooperation mit der UdSSR und den anderen RGW-Ländern. Es existiert heute wohl kein bedeutsames Forschungsgebiet, auf dem nicht das langfristig vereinbarte gemeinsame Wirken der Wissenschaftler der sozialistischen Länder auf Ergebnisse höchsten Niveaus zielt. Das persönliche Eintreten des Präsidenten gilt dabei vor allem der Verflechtung der Wissenschaftspotentiale der DDR und der UdSSR. Er sieht in diesem Vorhaben vor allem den hohen Anspruch an das Leistungsniveau der Forscher der DDR. Denn um gemeinsam Neues zu schaffen, ist der internationale Höchststand unbestechlicher Gradmesser für den eigenen Beitrag. Es gehört mit zu den Verdiensten Prof. KLARES, daß dieses Herangehen Allgemeingut der Forschungskooperation mit der UdSSR geworden ist. Er selbst hat es in seinen wissenschaftlichen Arbeiten vorgelebt. Wenn die Regierung der UdSSR ihm den „Orden der Völkerfreundschaft" verlieh und die sowjetische Akademie der Wissenschaften ihn zu ihrem Auswärtigen Mitglied wählte sowie mit ihrer höchsten wissenschaftlichen Auszeichnung – der Lomonossow-Medaille – ehrte, so ist das beredter Ausdruck der großen Wertschätzung seiner Leistungen.

All das von Prof. KLARE in seiner Tätigkeit als Akademiepräsident Geschaffene ist tief in seinem ganzen politischen und wissenschaftlichen Werdegang verwurzelt; ja, man kann sagen, es ergibt sich folgerichtig aus den Erfahrungen seines Lebens, besonders in den vergangenen 3 Jahrzehnten. So entbehrt es nicht einer gewissen Symbolik, daß er vor 30 Jahren, im Gründungsjahr der DDR, die wissenschaftlich-technische und 1951 die Gesamtleitung des Chemiefaserwerkes Schwarza übernahm. Zuvor hat er in mehrjähriger Arbeit in der Sowjetunion unschätzbare Erfahrungen sammeln können. Hat er doch während der Zeit in Klin und später immer wieder tief beeindruckt den welthistorisch einmaligen Vorgang verfolgt, wie die sowjetische Wissenschaft in kurzer Frist auf entscheidenden Gebieten Spitzenpositionen errungen hat und diese weiter ausbaut. Die Zielstrebigkeit und der Elan, mit dem das Sowjetvolk die Folgen der faschistischen Aggression überwand und den sozialistischen Aufbau fortsetzte, überzeugten ihn von der Lebenskraft der Ideen von MARX, ENGELS und LENIN. Er wurde zum aufrechten Freund der Sowjetunion. Dieser politische

Reifeprozeß setzte sich in der DDR an der Seite erfahrener Kader der Arbeiterklasse konsequent fort.

In seiner Person verwirklichen sich - wie damals in Tausenden ähnlicher Schicksale - die Früchte der Bündnispolitik der Arbeiterklasse gegenüber der Intelligenz. Dieses Bündnis bestimmt nachhaltig und dauerhaft seinen ganzen weiteren politischen Werdegang, seine feste Parteinahme für den Sozialismus. Denn auch die Leitung großer und leistungsstarker Kollektive in Forschung und Produktion, wie in Schwarza, Teltow-Seehof oder später in der Forschungsgemeinschaft mathematisch-naturwissenschaftlicher und medizinischer Institute, stellt gleichermaßen wachsende politische und wissenschaftliche Anforderungen an ihn. Als Leiter lernt er, Menschen mitzureißen, zu erreichen, daß sie sich mit dem gesteckten Ziel identifizieren. Er wirkt als Vorbild und tut alles, um die schöpferischen Kräfte des Kollektivs für die gemeinsame Arbeit zu erschließen. Er arbeitet hart, mit hoher Disziplin und verlangt von anderen nicht mehr, als er selbst zu geben vermag. In dieser Tätigkeit wurde für ihn immer tiefgehender der Wert gemeinschaftlicher Arbeit und kollektiver Beratung sichtbar.

Als besonders fruchtbringend erweist sich, wenn sich gesellschaftliches Erfordernis und persönliches Interesse bei der Beschleunigung des wissenschaftlich-technischen Fortschritts auf das engste miteinander verbinden. Die Entwicklung der Produktivkräfte hat die zunehmende Verbindung von Wissenschaft und Produktion auf die Tagesordnung gesetzt. Das entspricht ganz den Intentionen von Prof. Klare als Forscher, der sein Aufgabenfeld insbesondere auf dem Gebiet der Verfahrenstechnik und Technologie abgesteckt hat. Als Erforscher fundamentaler Probleme ist er stets der Praxis zugewandt, und bei der praktischen Realisierung von Forschungsergebnissen sind ihm die dabei neu auftauchenden Fragestellungen Anlaß zu vertiefter wissenschaftlicher Durchdringung. Der Erfolg solchen Herangehens hat sich in der Pionierzeit auf dem Chemiefasergebiet - bei der Produktionseinführung der damals völlig neuartigen Polyamidfaserstoffe auf Caprolactambasis zum Beispiel - ebenso erwiesen wie bei den grundlegenden Untersuchungen zum Fadenbildungsprozeß von Celluloseregeneratfasern.

Ausgangspunkt und Ziel seiner Arbeiten sind somit immer wieder die wissenschaftlichen Grundlagen der Technologie, der Mittlerin im dialektischen Wechselverhältnis von Wissenschaft und Produktion, um ökonomisch günstigere Verfahren durchzusetzen und die Erzeugniseigenschaften so weit wie möglich dem theoretisch voraussagbaren Optimum anzunähern. Ihm und seinen Mitarbeitern gelingt damit ein großer Beitrag dafür, daß die Chemiefaserindustrie der DDR auf vielen Gebieten Spitzenpositionen im internationalen Maßstab behaupten kann. Diese Erfahrungen bestimmen auch sein späteres Handeln, wenn es generell um eine enge Verbindung von Wissenschaft und Produktion geht, sei es bei der Gestaltung der Partnerschaft der Akademie zur chemischen Industrie und zur Elektrotechnik/Elektronik, bei der langfristigen wissenschaftlichen Profilierung der Potentiale oder beim Austausch von wissenschaftlichen Kadern mit den Anwenderbereichen.

Auf welche Stufe gesellschaftlicher Verantwortung HERMANN KLARE auch immer stieg, stets ist er der warmherzige, aufrichtige Mensch geblieben. Seine Eigenschaften, Anteil an den Sorgen anderer zu nehmen, die Meinungen anderer zu achten, mit Leidenschaft und geistiger Schärfe den eigenen Standpunkt zu verfechten, lassen einen jeden die Zusammenarbeit mit ihm als Gewinn empfinden. Engen Kontakt zur Arbeit im Labor oder im Technikum zu pflegen, vielfach selbst mit Hand anzulegen, mit den Werktätigen - gleich an welchem Platz - natürliche enge Bindungen zu bewahren, das zeichnet ihn aus.

So hat er sich auch sein Herz für die Jugend bewahrt, hat der Entwicklung der jungen Wissenschaftlergeneration, der Entfaltung ihres schöpferischen Elans stets großes Augenmerk zuteil werden lassen. Sein Verhältnis zur Jugend wird von dem Leitgedanken bestimmt: Nur wer selbst brennt, vermag andere zu entflammen. Und das ist ihm bei vielen gelungen.

So schließt sich der Kreis einer Würdigung, mit der das Wirken und die Vielfalt der Persönlichkeit Prof. KLARES nur unvollkommen ausgeschöpft werden konnte.

Sehr geehrter Herr Prof. KLARE! Mit Ihren Taten verwirklichen Sie in konsequenter und überzeugender Weise das LEIBNIZsche Anliegen, „Theoriam cum praxi" zu verbinden. Damit haben Sie einen großen Beitrag geleistet, die Akademie der Wissenschaften der DDR zu hoher gesellschaftlicher Wirksamkeit, zu bedeutendem internationalem Ansehen zu führen und zu erreichen, daß sie den Erwartungen von Partei und Regierung an Wissenschaft und Forschung immer besser entspricht. Dafür gebührt Ihnen der Dank des Zentralkomitees der Sozialistischen Einheitspartei Deutschlands und des Ministerrates der Deutschen Demokratischen Republik, den ich hiermit nochmals zum Ausdruck bringe. Ich verbinde damit meinen persönlichen Dank für das enge vertrauensvolle Zusammenwirken zum Wohle der Sache des Sozialismus.

Rückblickend auf das vergangene Jahrzehnt kann man sagen, daß die Mitarbeiter der Akademie zunehmend besser ihrem Auftrag nachkommen, langfristigen wissenschaftlichen Vorlauf zu schaffen, stärker zur Entwicklung von Wissenschaft und Technik beizutragen und das geistig-kulturelle Leben zu bereichern. Darauf aufbauend wird das befähigte und erfahrene Kollektiv der Akademie sein Wirken auch künftig vor allem daran zu messen haben, wie es durch bedeutsame Forschungsergebnisse mit hohem Nutzen seinen Anteil an der Leistungsentwicklung unserer Volkswirtschaft vergrößert. Dabei wissen wir uns alle darin eins, daß dieser Beitrag zum weiteren Gedeihen unserer Gesellschaft an Umfang und Güte wachsen muß. Was gestern noch gut war, wird schon morgen nicht mehr ausreichen, und Stillstand wäre Rückschritt.

Ich bin gewiß, daß sich unsere Akademie der Wissenschaften den höheren Anforderungen allezeit mit Tatkraft stellt und die Anstrengungen für die weitere Erhöhung ihres Leistungsniveaus verstärkt. Dazu wünsche ich Ihnen allen viel Erfolg.

Gerhard Keil

## Würdigung

Hochverehrter Jubilar!
Verehrte Anwesende!

Mein Beitrag zu diesem Festkolloquium, den ich zugleich im Namen der Mitglieder der Klasse Chemie unserer Akademie vortrage, soll dem Chemiker, dem Fachkollegen HERMANN KLARE gelten, der trotz seiner vielfältigen Aufgaben und Belastungen stets auch aktiv und engagiert an der Arbeit unserer Klasse teilgenommen hat. Bevor ich an zwei Beispielen aus der Polymerforschung des Forschungsbereiches Chemie darlege, welche wissenschaftlichen und volkswirtschaftlichen Erfolge die von Ihnen, lieber Herr KLARE, auf den verschiedensten Gebieten während Ihrer Tätigkeit als Institutsdirektor und als Vorsitzender der Forschungsgemeinschaft gegebenen Impulse gebracht haben, möchte ich mir erlauben, an die soeben vorgetragene Laudatio anzuknüpfen und einleitend noch einiges zum wissenschaftlichen Werdegang des Jubilars zu sagen.

Rückschauend auf das halbe Jahrhundert wissenschaftlicher Tätigkeit, das jetzt hinter Ihnen liegt, darf man wohl feststellen, daß Sie in Ihrer akademischen Jugendzeit günstige Umstände sehr zielstrebig und erfolgreich zu nutzen verstanden.

Als Doktorand und Mitarbeiter von OTTO DIELS in Kiel konnten Sie durch Ihre Dissertationsarbeit „Über die synthetische Erschließung der Lupiningruppe durch Diensynthese“ und durch nachfolgende Publikationen aktiv zum wissenschaftlichen Fortschritt auf dem außerordentlich fündigen Gebiet der Diensynthese nach DIELS und ALDER beitragen. Das Arbeiten mit empfindlichen und schwer handhabbaren Substanzen wie Acetylencarbonsäuren oder metallorganischen Verbindungen zwang Sie zu einem gründlichen Erlernen der damals wie heute unentbehrlichen handwerklichen Seite der Chemie, und die komplexe Aufgabe der Aufklärung einer in chemischer Hinsicht weitgehend unbekannten Naturstoffgruppe stellte hohe Anforderungen an Beobachtungsgabe, Ideenreichtum und Kombinationsvermögen eines jungen Chemikers; Eigenschaften, die auch heute noch von ausschlaggebender Bedeutung sind. Gleichzeitig wurden Sie im Rahmen dieser Arbeiten als noch nicht 25jähriger nicht nur Zeuge, sondern auch aktiver Teilnehmer an einem wissenschaftlichen Meinungsstreit, der um die Struktur des Lupinins zwischen DIEHLS und anderen führenden Chemikern wie WILLSTÄTTER und KARRER im Gange war. Sie lernten den Wert eines solchen wissenschaftlichen Meinungsstreites für die Entwicklung der Wissenschaft kennen und schätzen und sind seitdem ein engagierter Verfechter dieses Prinzips wissenschaftlicher Dynamik, wissenschaftlicher Entwicklung geblieben. Sie lernten aber auch gleichzeitig den Stil, gewissermaßen die Spielregeln, eines solchen Meinungsstreites kennen, nämlich

- das engagierte Eintreten für die eigenen Ergebnisse, solange diese nicht durch bessere Argumente widerlegt werden,
- die Anerkennung objektiver naturwissenschaftlicher Fakten, auch wenn sie vom Kontrahenten kommen und
- die zwingende Notwendigkeit, einen solchen Meinungsstreit fair und unter Achtung der Persönlichkeit des Gegenspielers zu führen, wenn er der Wissenschaft auf lange Sicht dienlich und förderlich sein soll.

Nach diesen Universitätsjahren, in denen Sie sich mit den besten Traditionen naturwissenschaftlicher Forschung vertraut machten und die Ihnen das experimentelle und geistige Rüstzeug für die eigene schöpferische Arbeit in den folgenden Jahrzehnten gaben, fanden Sie Ihre berufliche Wirkungsstätte in der Chemiefaserindustrie, an der, so darf man wohl hier sagen, Ihr Herz heute noch hängt. Hier hatten Sie wiederum das Glück, in einem sehr dynamischen Forschungskollektiv an der Lösung einer zukunftsträchtigen Aufgabe mitzuarbeiten, indem Sie kurz nach der Entdeckung der Caprolactampolymerisation durch PAUL SCHLACK als noch nicht 30jähriger aktiv an der technischen Nutzung und Umsetzung dieser Erfindung in der Forschungsgruppe von PAUL SCHLACK mitwirkten und dabei zugleich mit den vielen ingenieurtechnischen und ökonomischen Problemen vertraut wurden, die auf dem Wege von einer wissenschaftlichen Idee bis zur industriellen Großanlage zu bewältigen waren. Durch diese Tätigkeit bei der Entwicklung und Errichtung der ersten Perlonseidenfabrik legten Sie wohl auch den Grundstein zu dem Erfahrungsschatz, aus dem heraus Sie später die Nutzungschancen für Ergebnisse der Laborforschung so kritisch und treffsicher einzuschätzen wußten und der heute im Rahmen Ihrer wissenschaftsleitenden Tätigkeit nicht nur den rund 50 Akademie-Instituten, sondern darüber hinaus unserer gesamten Volkswirtschaft, besonders natürlich der chemischen Industrie, zugute kommt.

Sie erlebten als etwa 35jähriger mit Freude und innerer Genugtuung, wie unter Ihrer maßgebenden Mitwirkung die erste Polyamidseidengroßanlage angefahren wurde und erfolgreich produzierte. Sie mußten jedoch wenig später erkennen, auf welch tönernen Füßen, d.h. auf welch reaktionärer, überholter gesellschaftlicher Basis diese vorwärtsweisende wissenschaftliche und ingenieurtechnische Leistung zustandegekommen war. Die bitteren Erfahrungen des

Krieges und seiner Folgen, der Vernichtung materieller Ergebnisse, auch Ihrer geistig-schöpferischen Leistungen, und die ersten Begegnungen mit sowjetischen Menschen, insbesondere sowjetischen Fachkollegen während Ihrer zweijährigen Tätigkeit in der UdSSR ließen in Ihnen zwei grundlegende Erkenntnisse reifen, die später zum Leitfaden Ihres Handelns als Institutsdirektor und dann als Präsident unserer Akademie wurden:

Sie erkannten, daß nur in der fortschrittlichen Gesellschaftsordnung des Sozialismus die Leistung des Wissenschaftlers und das Werk des Ingenieurs dem Wohle und der friedlichen Entwicklung der Menschheit dienen können und damit auch auf Dauer Bestand haben, und es wurde Ihnen klar, daß sich ein Wissenschaftler nicht von seiner politisch-gesellschaftlichen Umwelt distanzieren kann, sondern vielmehr fachliche und politische Tätigkeit als eine Einheit betrachten muß, wenn er in der sozialistischen Gesellschaft seinen Fähigkeiten und seinem Können entsprechend wirksam werden will.

Sie haben in den folgenden Jahrzehnten diese Erkenntnisse tatkräftig umgesetzt, zunächst als Betriebsleiter im Chemiefaserwerk Schwarza, wo unter Ihrer Leitung die erste großtechnische Polyamidseiden-Anlage in der DDR aufgebaut und in Betrieb genommen wurde, dann in den 50er und 60er Jahren während Ihres Wirkens am Teltower Institut und schließlich seit nunmehr fast 11 Jahren als Präsident unserer Akademie. Die Inbetriebnahme der Polyamidseiden-Anlage in Schwarza stellte eine herausragende wissenschaftlich-technische Leistung im Rahmen der planmäßigen Entwicklung unseres jungen Staates dar, und sie wurde Beispiel und Ansporn für eine ganze Generation damals junger Wissenschaftler, die Sie auf der ersten in Leipzig stattfindenden Chemiker-Tagung der DDR mit Ihrer Darstellung der dabei auftretenden Probleme und ihrer Lösung begeisterten.

Es würde den Rahmen dieses Vortrages sprengen, wollte ich auf Ihr wissenschaftliches Wirken am Teltower Institut näher eingehen. Sie haben hier nicht nur für die Entwicklung der Polymerforschung zahlreiche Impulse gegeben, sondern auch zwei wissenschaftliche Arbeitsgebiete durch wesentliche eigene Leistungen vorangebracht: Auf dem Ihnen aus 15jähriger erfolgreicher Arbeit vertrauten Gebiet der Polyamid-6-Seide faßten Sie Ihre Erfahrungen in einer Monographie zusammen, die auch heute noch das Standardwerk für die Chemie und Technologie der Polyamidfaserstoffherstellung ist, und Sie arbeiteten dabei besonders die Notwendigkeit einer komplexen Betrachtung von Chemie und Physik, von naturwissenschaftlicher Basis und Ingenieurtechnik dieses Prozesses heraus, eine heute genauso aktuelle Fragestellung wie damals. Auf dem Gebiet der Celluloseregeneratfäden zeigten Ihre grundlegenden Arbeiten zum Fadenbildungsprozeß, daß die übermolekulare und morphologische Struktur des Fadens und damit auch dessen textilphysikalische Eigenschaften entscheidend durch die Kinetik und den topochemischen Verlauf der Umsetzung des Cellulosexanthogenats und der in der Viskose enthaltenen sulfidischen Nebenprodukte mit den Wasserstoffionen und den Zinkionen des Spinnbades bestimmt werden. Zusammen mit einer Reihe von Mitarbeitern konnten Sie diese Vorgänge im einzelnen aufklären und damit wesentliche Beziehungen zwischen Herstellungsparametern, Struktur und Eigenschaften bei Celluloseregeneratfaserstoffen erkennen.

Ich möchte an dieser Stelle von der Laudatio zur Lectio übergehen und zuerst an Hand eines Beispieles aus der aktuellen Forschung des Forschungsbereiches Chemie, nämlich dem Polyamid 6, zeigen, wie sich ein von Ihnen früher selbst bearbeitetes Forschungsgebiet in den letzten 10 Jahren entwickelt hat.

Blicken wir heute auf die 40jährige Geschichte der Polyamidseide zurück, so erhebt sich die Frage: „Was waren die Ursachen, die Triebkräfte dafür, daß sich das Caprolactam (Abb. 1) von einer Laborkuriosität zum Objekt einer

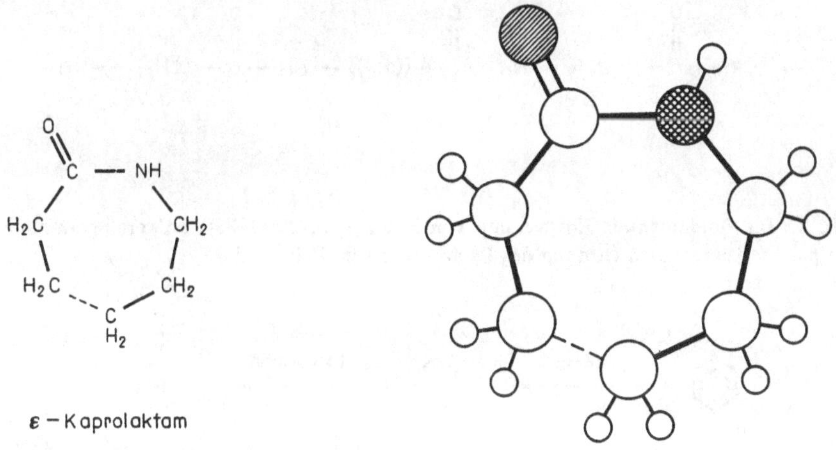


Abb. 1 ε-Caprolactam. Vor 50 Jahren ein interessantes Laborpräparat – heute Rohstoff für etwa 2 Millionen Tonnen Polyamid-Faserstoff

weltweiten Großproduktion von jährlich etwa 2 Millionen Tonnen entwickelte ?" Die Basis hierfür waren zweifellos grundlegende neue naturwissenschaftliche Erkenntnisse, nämlich die Beobachtungen von Carothers, daß man durch einen Polykondensationsprozeß Makromoleküle mit Polyamidstruktur aufbauen, diese aus der Schmelze verformen und dem schmelzgesponnenen Faden dann durch geeignete mechanische Nachbehandlung ausgezeichnete textile Eigenschaften verleihen konnte sowie die Feststellung von Paul Schlack, daß sich ein solcher Kettenaufbauprozeß auch mit dem Caprolactam als Grundbaustein erreichen ließe (Abb. 2). Der entscheidende Faktor für die rasche ingenieurtechnische Umsetzung dieser Erkenntnisse in die Großproduktion war aber wohl darin zu sehen, daß die so hergestellten, sehr festen und hochelastischen Polyamidfäden einen für damalige Verhältnisse kaum vorstellbaren Gebrauchswert besaßen, d.h., daß sie ein zuerst in der Strumpfindustrie und bei gewissen strategisch-technischen Erzeugnissen bestehendes Bedürfnis nach sehr feinen, aber gleichzeitig festen hochelastischen Fäden abdecken konnten, und damit eine Lücke schlossen, die keiner der damals bekannten Faserstoffe in seinem Eigenschaftsprofil erreichte.

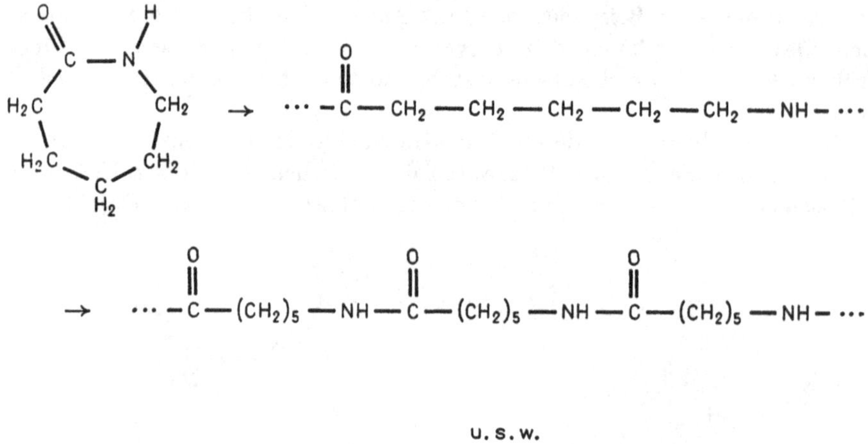


Abb. 2 Die fundamentale Entdeckung von PAUL SCHLACK (1938): ε-Caprolactammoleküle polymerisieren nach Öffnung des Lactamringes zu Polyamid 6

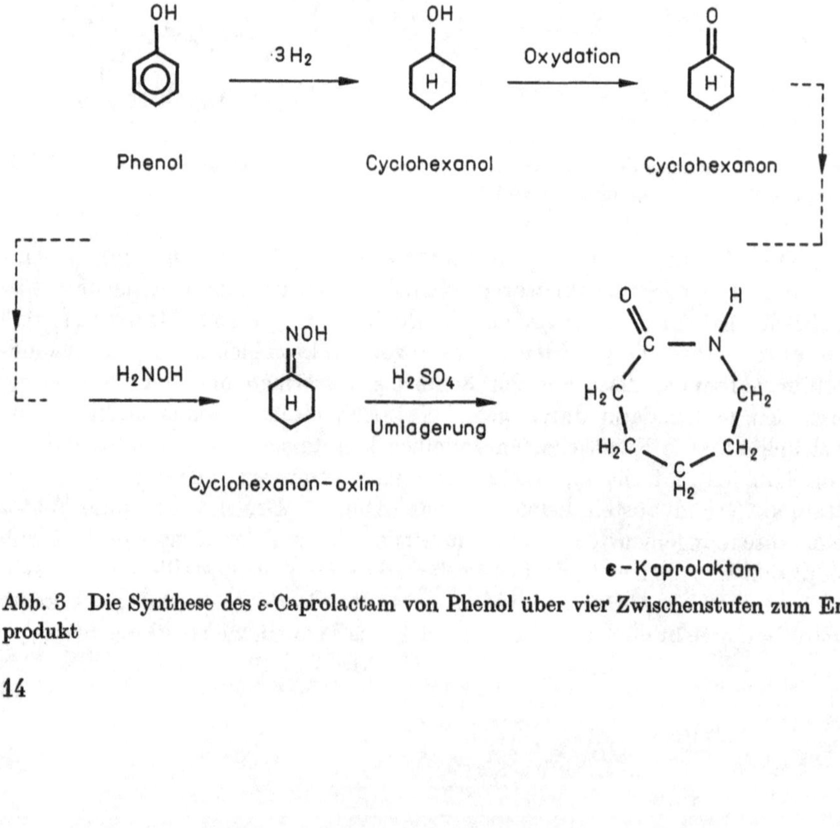


Abb. 3 Die Synthese des ε-Caprolactam von Phenol über vier Zwischenstufen zum Endprodukt

Selbst der bis heute recht komplizierte technologische und kostenaufwendige Syntheseweg zur Herstellung des Caprolactams (Abb. 3) erwies sich im Hinblick auf den hohen Gebrauchswert des Finalproduktes nicht als Hindernis für die Entwicklung der Großproduktion.

Abbildung 4 zeigt an Hand einiger Kraft-Dehnungs-Kurven der damals bekannten Faserstoffe das herausragende Festigkeitsverhalten von Polyamidseide.

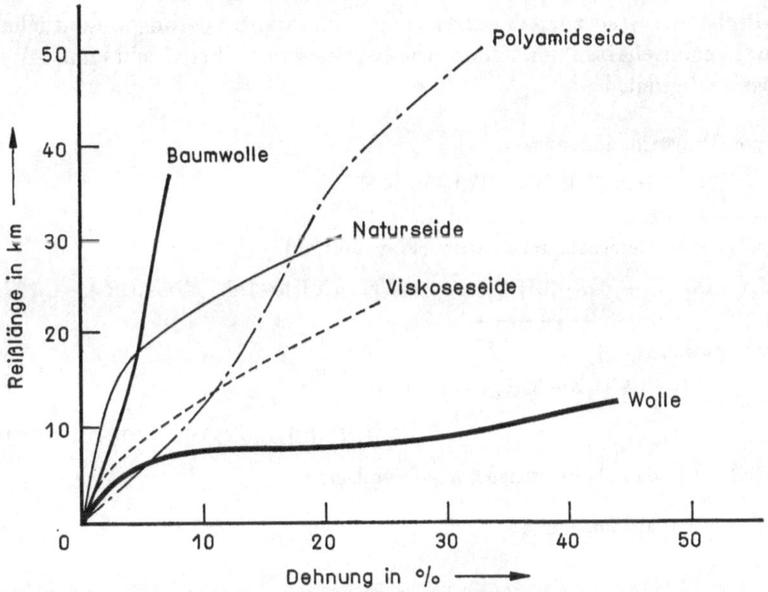


Abb. 4 Kraft-Dehnungs-Kurven einiger Faserstoffe
Die Polyamidseide zeigt im Vergleich zu den anderen Faserstoffen die höheren mechanischen Eigenschaften

Die dem Aufbau der ersten Großanlagen in den 40er und 50er Jahren folgende Entwicklung war dann gekennzeichnet durch erfolgreiche Bemühungen zur Rationalisierung des Herstellungsprozesses mit seinen drei Stufen der Polymersynthese, des Schmelzspinnens und der anschließenden Kaltreckung (Abb. 5) sowie der weiteren Erhöhung des Gebrauchswertes der aus Polyamid-

1. Polykondensation = Schmelzeherstellung
2. Schmelzspinnen von Polycaprolactam
3. Reckung und textile Aufmachung

Abb. 5 Drei Stufen des Herstellungsprozesses von Polyamid-6-Seide

fäden hergestellten Finalerzeugnisse durch chemische und physikalische Modifizierung der Fadenstruktur. Die hierzu notwendige Mitwirkung der Grundlagenforschung läßt sich unter drei Gesichtspunkten zusammenfassen:

- Die wissenschaftliche Durchdringung des gesamten Produktionsprozesses mit dem Ziel seiner Optimierung und Rationalisierung durch Intensivierung;
- das Auffinden neuer Prinziplösungen zur chemischen und physikalischen Modifizierung der Fäden mit dem Ziel der Gebrauchswerterhöhung sowie Prüfung der Tragfähigkeit solcher Lösungen in technologischer und ökonomischer Hinsicht gemeinsam mit den Kooperationspartnern;
- methodische Arbeiten zur Objektivierung und Quantifizierung wesentlicher Gebrauchseigenschaften der Fäden, wie beispielsweise ihrer Licht- und Alterungsbeständigkeit.

1. Hydrolyse (Ringöffnungsreaktion)

$$\underbrace{NH-(CH_2)_5-CO}_{} + H_2O \rightleftarrows H_2N-(CH_2)_5-COOH$$

2. Anlagerung an Kettenwachstumszentren (Polyaddition)

$$H_2N-(CH_2)_5-COOH + \underbrace{HN-(CH_2)_5-CO}_{} \rightarrow H_2N-(CH_2)_5-CO-NH-(CH_2)_5-COOH$$

3. Polykondensation

$$H_2N-(CH_2)_5-COOH + H_2N-(CH_2)_5-COOH \underset{+H_2O}{\overset{-H_2O}{\rightleftarrows}} H_2N-(CH_2)_5-CONH-(CH_2)_5-COOH$$

Abb. 6 Hydrolytische Polymerisation von ε-Caprolactam

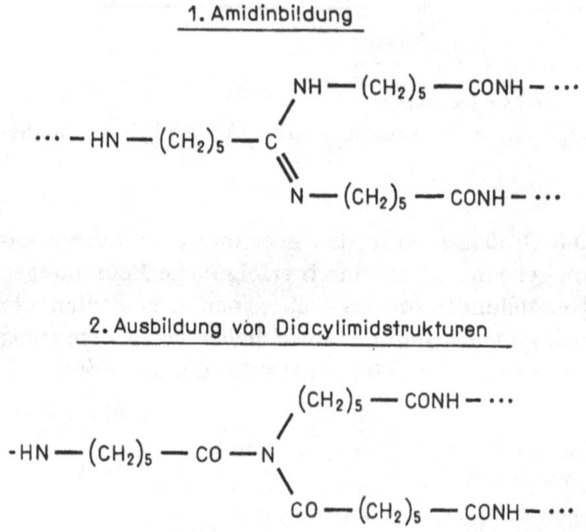


Abb. 7 Mögliche Nebenreaktion bei der ε-Caprolactampolymerisation

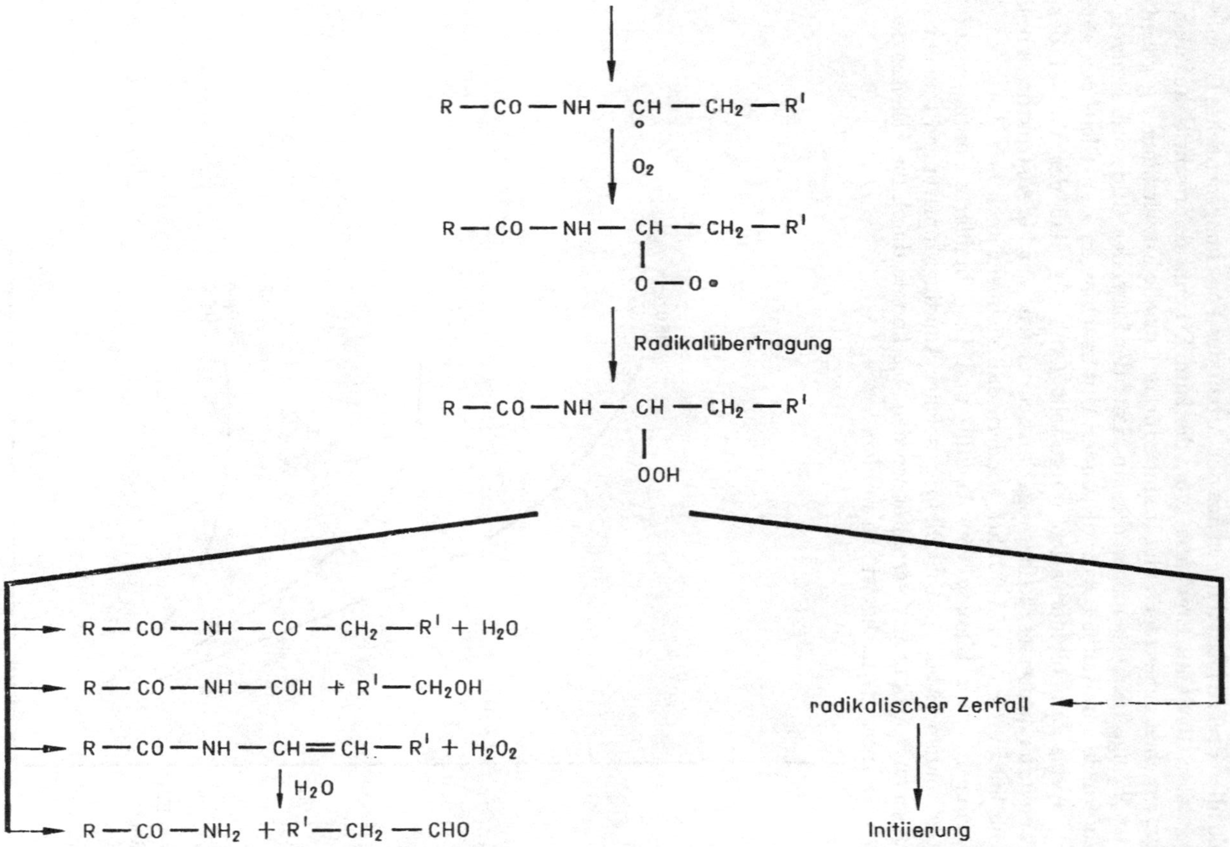


**Abb. 8** Thermooxidativer Abbau von N-Alkyl-amiden und Polyamiden und die mögliche Bildung vernetzter hochgequollener Reaktionsprodukte

Zu allen drei Aspekten liegen aus der Arbeit des Forschungsbereiches Chemie der letzten 10 Jahre Ergebnisse vor, die zum Erkenntnisfortschritt auf dem Polymergebiet beigetragen und Impulse für industrielle Entwicklungen gegeben haben. Einige Beispiele mögen dies an Hand der folgenden Bilder untersetzen.

So wurde im Rahmen grundlegender Untersuchungen zum Gleichgewicht der Caprolactampolymerisation festgestellt (Abb. 6), daß der Verlauf des Kettenaufbauprozesses keineswegs ausschließlich zur Idealstruktur eines streng linearen Polyamid 6 führt, sondern daß vielmehr auch hier Kettenverzweigungen unter Bildung von Amidin- und Diacylimidgruppierungen auftreten können (Abb. 7). Die Bildung solcher Amidingruppierungen war übrigens schon von SCHLACK vermutet worden. Sie konnte durch die Arbeiten des Teltower Instituts nachgewiesen werden.

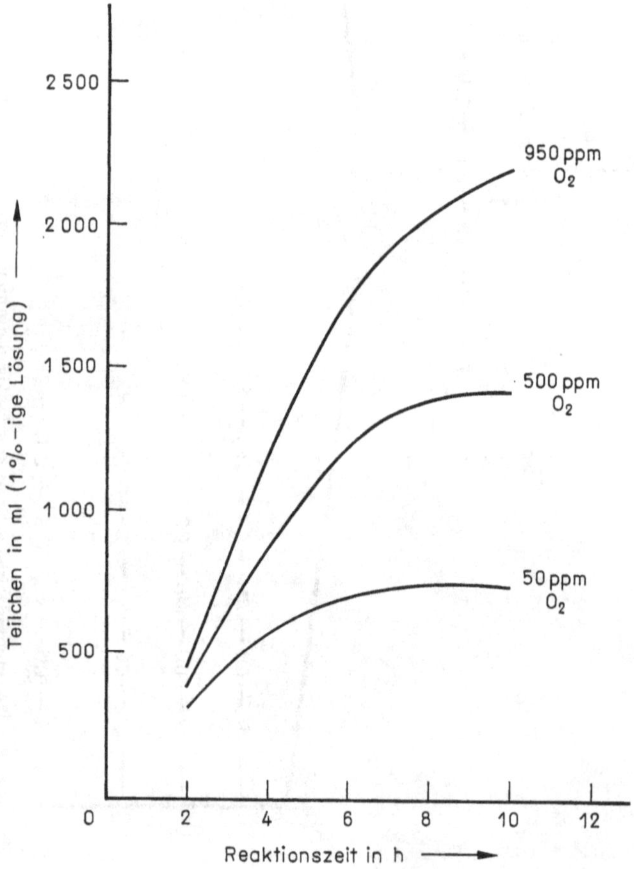


Abb. 9 Zahl der Gelteilchen in Polyamid-6-Schmelzen in Abhängigkeit vom $O_2$-Gehalt und der Reaktionszeit (statt Teilchen in ml lies Teilchen pro ml)

Solche Abweichungen vom linearen Kettenbau kommen nicht nur durch Neben- und Folgereaktionen beim Syntheseprozeß, sondern auch durch thermooxidative Vorgänge bei der Herstellung und Verformung der Spinnschmelze zustande, wenn im System Spuren von Sauerstoff vorhanden sind. Bei einer thermooxidativen Schädigung (Abb. 8) treten nicht nur Kettenbrüche unter Verkürzung der Makromoleküle, sondern vermutlich auch Neuknüpfungen von C—C-Bindungen unter Ausbildung von Verzweigungen und Vernetzungen auf, die schließlich bis zur Bildung mikroskopisch sichtbarer unlöslicher Gelpartikel in der Spinnschmelze führen können, die den Spinnprozeß empfindlich stören. Nach Auflösen der erstarrten Polyamidschmelze in einem geeigneten Lösungsmittelsystem lassen sich diese Gelpartikel mit einer konduktometrischen Meßmethode nach Anzahl und Größe quantitativ erfassen. Abbildung 9 veranschaulicht die Abhängigkeit der Gelpartikelzahl von der Verweilzeit und dem Sauerstoffgehalt der Schmelze. Durch Klärung dieser Zusammenhänge zwischen thermooxidativer Schädigung und Gelpartikelbildung in der Spinnschmelze sowie durch Messung des Sauerstoffgehaltes in der Produktionsanlage wurden gemeinsam vom Teltower Institut und dem VEB Chemiefaserkombinat Schwarza „Wilhelm Pieck" die Voraussetzungen für eine inzwischen erreichte wesentliche Stabilisierung des Polyamid-Produktionsprozesses und damit der Polyamidseidenqualität geschaffen.

Forschung über Polyamidseide ist ein ausgezeichnetes Beispiel dafür, wie notwendig ein komplexes Herangehen von der chemischen, physikalischen und

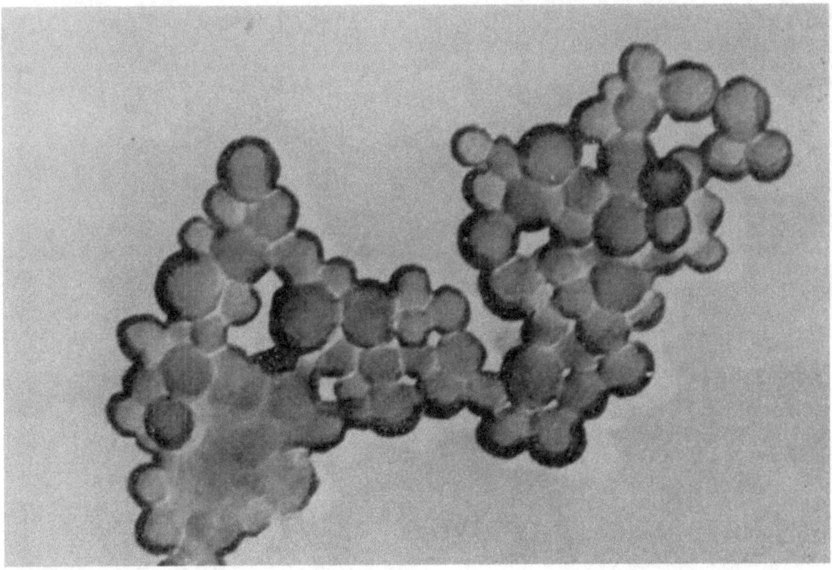

Abb. 10 Strukturausbildung von Polycaprolactam in Form amorpher Globuli (Vergrößerung 15400fach)

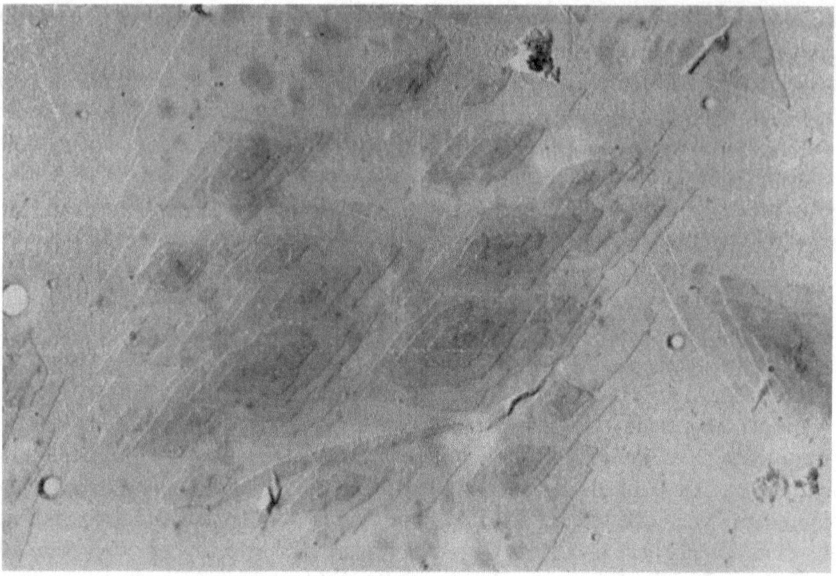

Abb. 11 Strukturausbildung von Polycaprolactam in Form hochgeordneter einkristalliner Faltungslamellen (Vergrößerung 19000fach)

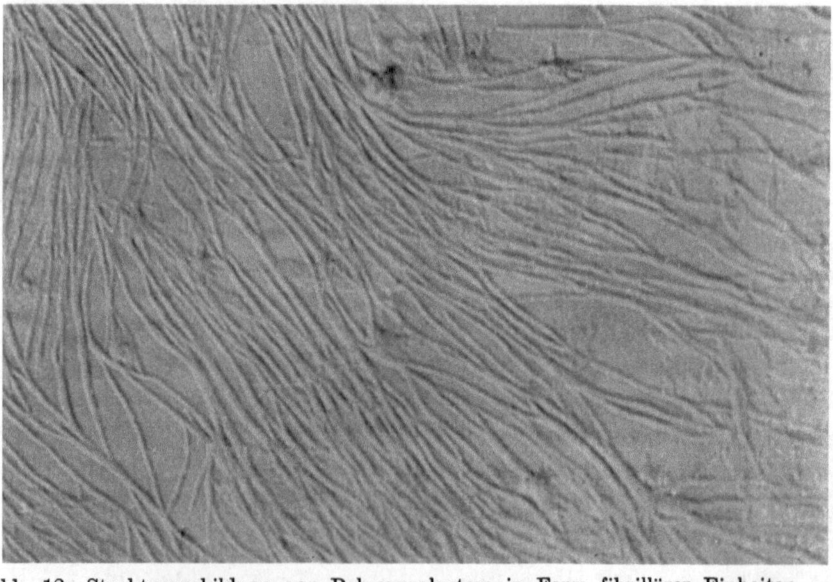

Abb. 12 Strukturausbildung von Polycaprolactam in Form fibrillärer Einheiten (Vergrößerung 18000fach)

ingenieurtechnischen Seite bei Grundlagenuntersuchungen zur Herstellung und Verarbeitung von Polymeren ist, werden doch die Eigenschaften des fertigen Fadens nicht nur durch die chemische Struktur der Ketten, sondern in wesentlichem Umfange auch durch ihre gegenseitige Ordnung und Orientierung bestimmt. Die folgenden elektronenmikroskopischen Aufnahmen vermitteln einen Eindruck von der Vielfältigkeit möglicher morphologischer Struktureinheiten bei der Bildung von Polyamid 6 im festen Zustand. Je nach den angewandten Bedingungen können weitgehend amorphe Globuli (Abb. 10), hochgeordnete einkristalline Faltungslamellen (Abb. 11) und weiterhin fibrilläre Einheiten (Abb. 12) erhalten werden. Bei Kristallisation unter hohem äußeren Druck erfolgt die kristalline Ordnung nur in geringem Maße unter Kettenfaltung, sondern überwiegend in Form sogenannter extended-chain-Lamellen mit gestreckten Ketten und dadurch veränderten zwischenmolekularen Bindungen im Polymerfestkörper (Abb. 13). Die letzte Abbildung dieser Serie (Abb. 14) zeigt schließlich die beim Erstarren von Polyamidschmelzen unter bestimmten Bedingungen auftretenden Sphärolite, d.h. teilkristalline, aus kleineren morphologischen Einheiten aufgebaute Aggregate, deren Anzahl und Größe über Fremdstoffgehalt und Kristallisationsbedingungen beeinflußt werden können.

Die mittels Elektronenmikroskopie, Röntgenweitwinkelstreuung und Differentialthermoanalyse durchgeführten Untersuchungen zur Strukturbildung des Polyamid 6 beim Kristallisieren aus der Schmelze lassen erkennen, daß die

Abb. 13 Strukturausbildung von Polycaprolactam in Form sog. extended-chain-Lamellen während der Kristallisation unter hohem äußerem Druck (Vergrößerung 15000fach)

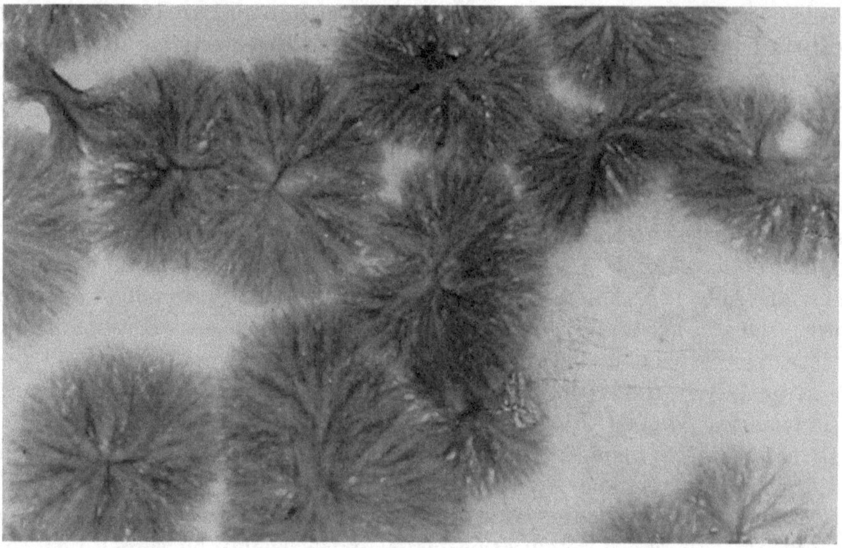

Abb. 14 Ausbildung von Sphärolithen beim Erstarren einer Polyamidschmelze (Vergrößerung 6200fach)

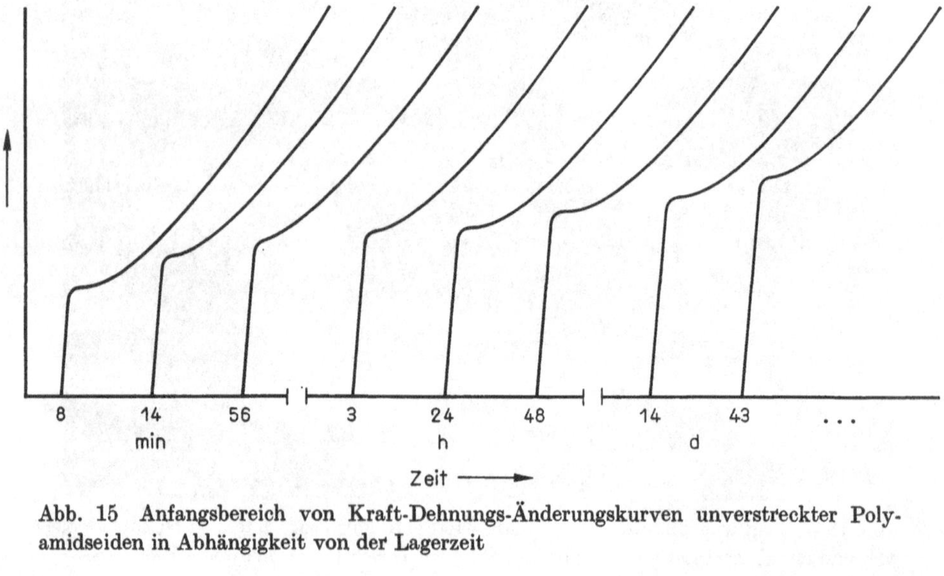


Abb. 15 Anfangsbereich von Kraft-Dehnungs-Änderungskurven unverstreckter Polyamidseiden in Abhängigkeit von der Lagerzeit

auftretenden übermolekularen und morphologischen Ordnungszustände nicht nur von den Erstarrungsbedingungen selbst, sondern auch von der Vorgeschichte der Schmelze hinsichtlich Temperatur und Zeit wie auch von den Lagerbedingungen des erstarrten Festkörpers abhängen. Abbildung 15 zeigt an Hand einer für den Gebrauchswert von Faserstoffen relevanten Kennkurve, nämlich der Kraft-Dehnungs-Kennlinie, wie sich deren Verlauf während der Lagerzeit einer unverstreckten Polyamidseide ändert. Der annähernd waagerecht verlaufende Kurvenabschnitt entspricht dabei dem Vorgang der sogenannten Kaltverstreckung, d.h. einer ohne zusätzlichen Kraftaufwand erfolgenden erheblichen irreversiblen Dehnung des Materials infolge Umorientierung von Molekülketten. Dieser Kaltreckprozeß ist, integriert im Schmelzspinnprozeß oder als separate Verfahrensstufe, nach der Synthese des Polymeren und dem Schmelzspinnen der dritte wesentliche Verfahrensschritt und entscheidend für die vom Konsumenten geschätzten Elastizitätseigenschaften der Finalprodukte aus Polyamidseide verantwortlich. Aus dem Schaubild ist deutlich zu erkennen, wie diese Kaltreckbarkeit von der Lagerzeit der ungereckten Seide abhängt, und das Bild vermittelt im Zusammenhang mit den vorangehenden Ausführungen zugleich einen Eindruck davon, wie langsame zeitliche Veränderungen in molekularen Dimensionen, nämlich in der gegenseitigen Ordnung und Orientierung der Makromoleküle, sich auf das makroskopische Verhalten des Materials auswirken.

Für ein Wirksamwerden in der Praxis müssen solche polymerphysikalischen Grundlagenergebnisse in vielen Fällen mit technologischer Grundlagenforschung gekoppelt werden, wie sie z.Z. zur Modellierung des Spinn- und Reckprozesses von Polyamidseiden im Dresdener Institut durchgeführt wird. Abbildung 16 vermittelt an Hand eines physikalischen Ursache-Wirkungs-Schemas einen Eindruck von der Komplexität der Einflußgrößen, die auf die Fadenorientierung im Spinnschacht wirksam werden. Das Schema läßt erkennen, daß sowohl mechanisch-rheologische Faktoren als auch die Temperaturbedingungen wesentlich sind, und daß es bei einer Modellierung darauf ankommt, neben dem Stofftransport auch den Wärmetransport in Betracht zu ziehen. Zielgröße ist im vorliegenden Schema die Fadenfeinheit als eine den Gebrauchswert von Finalprodukten aus Synthesefaserstoffen entscheidend mitbestimmende Größe.

Die hier an einigen Beispielen kurz umrissenen physikalischen und technologischen Grundlagenuntersuchungen trugen und tragen zur Stabilisierung unserer Polyamidseiden-Produktion und damit zur Qualitätskonstanz der Produkte sowie zur Entwicklung neuer rationeller Verfahren der Kopplung von Spinn- und Reckprozeß bei. Sie dienen damit direkt der Gebrauchswerterhöhung, indem wissenschaftliche Grundlagen zur Gewährleistung einer gleichbleibenden hohen Produktqualität geschaffen wurden. Durch die Entwicklung rationeller arbeitskräftesparender Varianten des Schmelzspinnprozesses und der nachfolgenden textilen Aufarbeitung verringert sich der gesellschaftliche

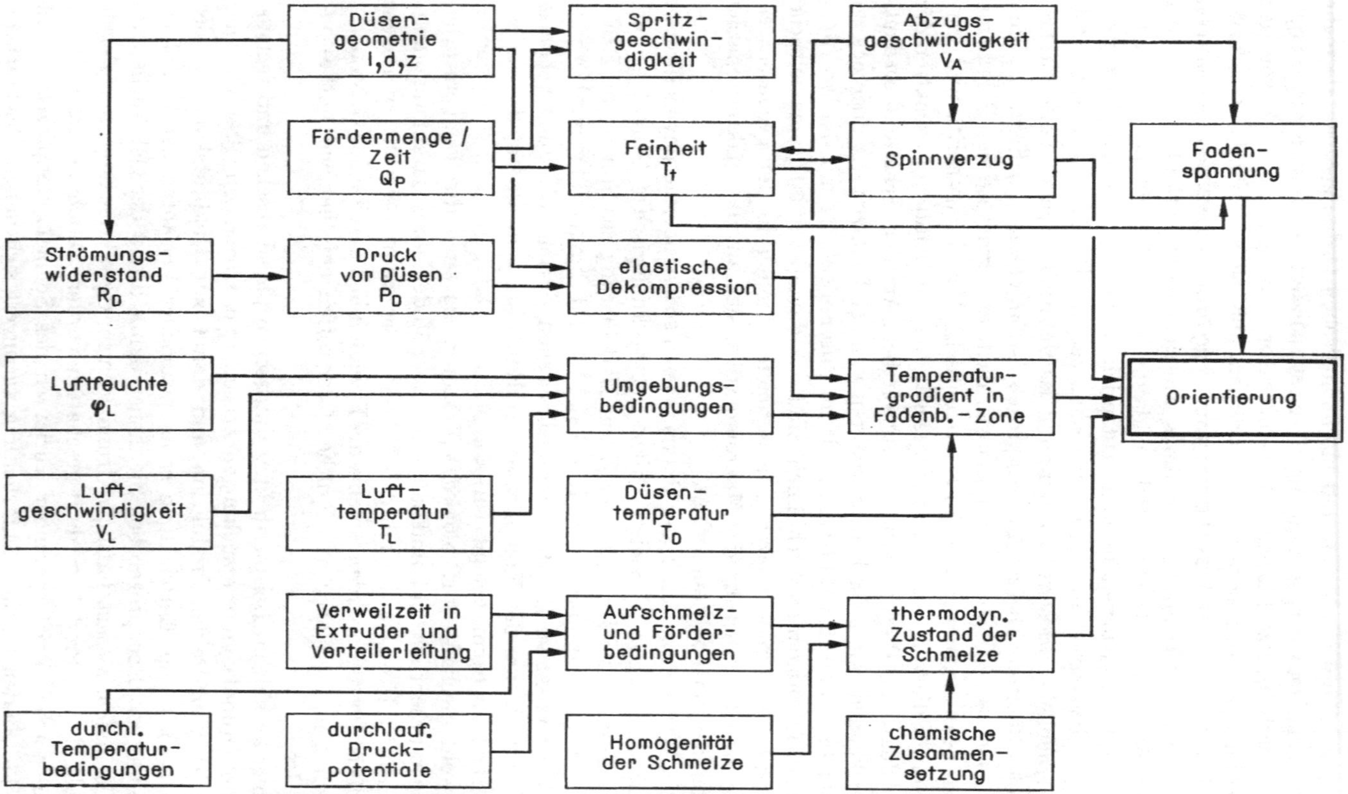


Abb. 16 Physikalisches Ursache-Wirkungs-Schema von Einflußgrößen auf die Fadenorientierung im Spinnschacht

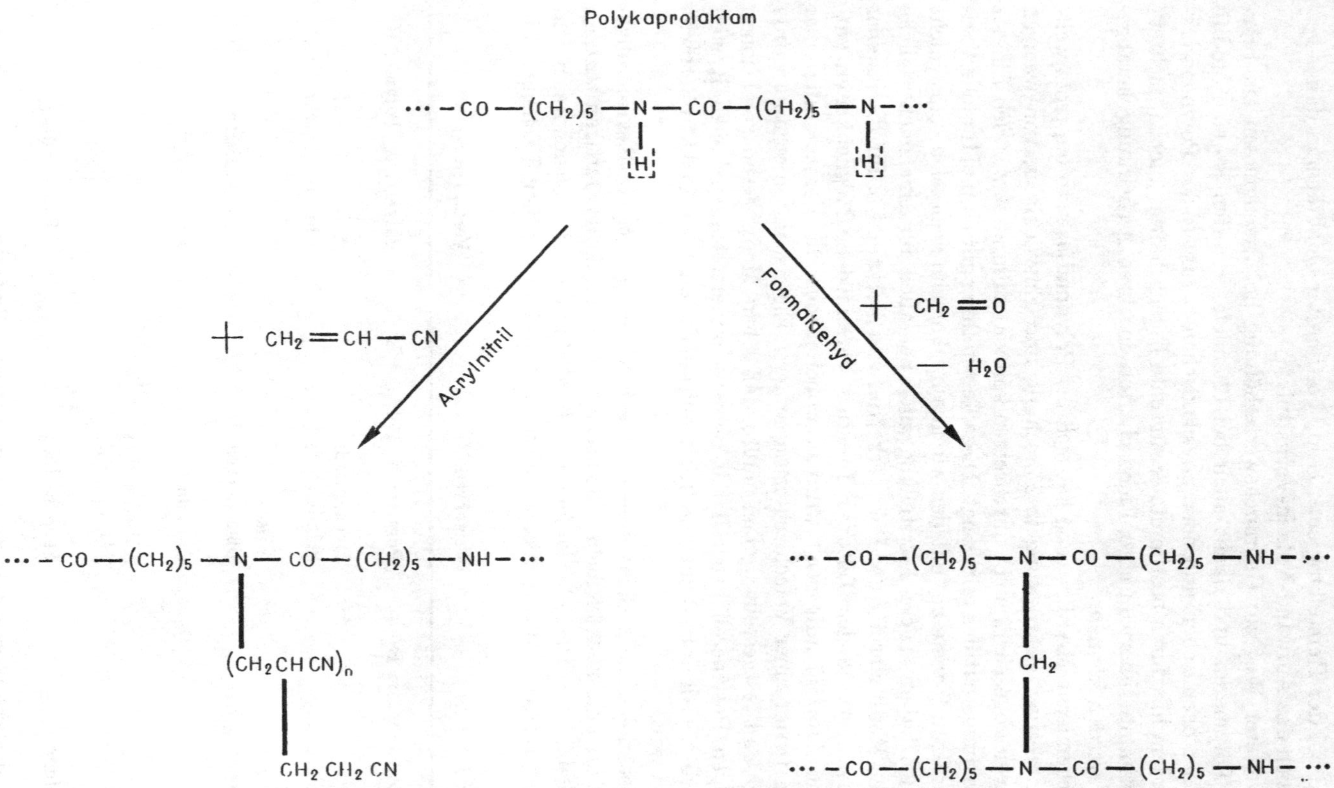


Abb. 17 Chemische Modifizierung von Polyamid-6 mit Acrylnitril bzw. Formaldehyd

Aufwand bei der Herstellung einer Seide bestimmter Qualität und damit verbessert sich das Aufwand-Nutzen-Verhältnis.

Ein weiterer Weg zur Gebrauchswerterhöhung bei Erzeugnissen aus organischen Polymeren und damit auch bei Chemiefaserstoffen ist eine Modifizierung der chemischen und/oder physikalischen Struktur des Polymerwerkstoffs, indem hierdurch bestimmte erwünschte Eigenschaften „hochgezüchtet" und bestimmte unerwünschte Eigenschaften in ihrer Auswirkung herabgemindert werden können.

Eine chemische Modifizierung hat sich bei Polyamidfaserstoffen trotz weltweiter intensiver Bearbeitung in Forschung und Entwicklung, von wenigen Ausnahmen abgesehen, nicht durchsetzen können, zumindest was den Einsatz für Bekleidungstextilien anbelangt. Diese Feststellung gilt einmal für eine Variation der Grundbausteine, mit der wir uns im Forschungsbereich selbst nicht beschäftigt haben. Diese Feststellung gilt aber auch für eine nachträgliche chemische Modifizierung der Polymerketten von Polyamid 6, für die in einer Experimentalstudie des Teltower Instituts verschiedene Möglichkeiten entsprechend Abb. 17 aufgezeigt wurden, wobei jedoch die Verbesserung einer Eigenschaft mit einer Verschlechterung anderer Eigenschaften erkauft wurde und insgesamt festgestellt werden mußte, daß solche Modifizierungsreaktionen am fertigen Polymeren generell mit zumeist unvertretbaren hohen Kosten belastet sind, so daß eine Fadenmodifizierung auf diesem Wege nicht in Betracht zu ziehen war.

Aus technologischer Sicht gesehen ergeben sich günstigere Realisierungschancen für eine nachträgliche chemische Modifizierung des fertigen textilen Flächengebildes. Derzeit laufende labortechnische Untersuchungen im Dresdener Institut zur strahlenchemischen Pfropfung textiler Flächengebilde

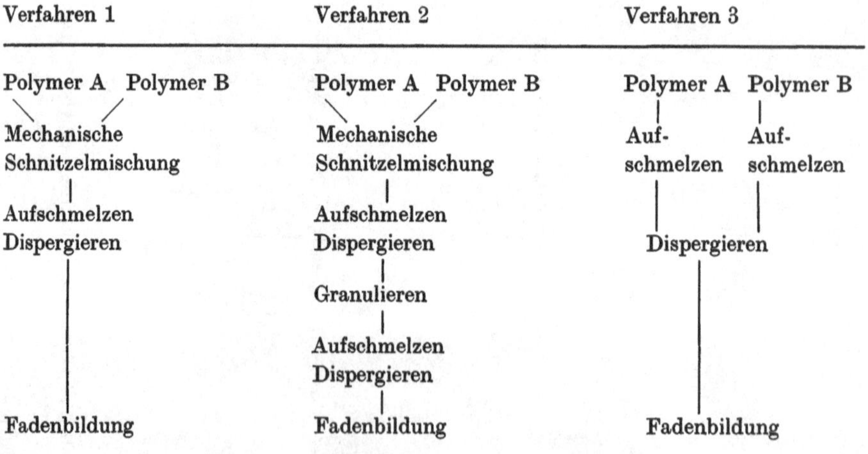


Abb. 18 Mögliche Wege zur Herstellung von Matrixfibrillenfäden

aus Polyamid 6 mit ausgewählten Monomeren zeigen Möglichkeiten z.B. zur Erhöhung der Hydrophilie auf diesem Wege auf, lassen jedoch auch die Schwierigkeiten und Grenzen dieses Weges deutlich erkennen.

Wegen dieser hier nicht im Detail zu erörternden Schwierigkeiten und Probleme einer chemischen Modifizierung, die sich ökonomisch beim so hergestellten Produkt in einem hohen Kostenaufwand und einer bisher nicht befriedigenden Aufwand-Nutzen-Relation niederschlagen, hat auf dem Gesamtgebiet der Polymerwerkstoffe in den letzten 10 Jahren die Modifizierung durch Compoundierung, d. h. über Polymermischungen zunehmend an Interesse gewonnen. Abbildung 18 zeigt in schematisierter Form einige Verfahrensvarianten zur Herstellung solcher Polymermischungen beim Schmelzspinnprozeß; Abb. 19

**Abb. 19 Lichtmikroskopische Aufnahme von Polyester-Fibrillenfäden; die Polyamid-6-Matrix wurde herausgelöst (Matrix-Fibrillenfäden) (Vergrößerung 300fach)**

gibt die lichtmikroskopische Aufnahme eines aus einer Schmelzmischung von Polyamid 6 und Polyethylenterephthalat hergestellten Fadens wieder. Beim Präparieren wurde die Polyamidmatrix herausgelöst, so daß die die Faserstruktur durchziehenden Polyesterfibrillen sichtbar werden. Wie die u.a.

auch im Teltower Institut durchgeführten und in Abb. 20 zusammengefaßten Untersuchungen zeigten, lassen sich durch eine solche Kompoundierung gewisse ungünstige Eigenschaften des Polyamid-6-Fadens, wie beispielsweise sein relativ niedriger Elastizitätsmodul, an das textilphysikalisch günstigere Niveau des Polyesterfadens angleichen.

Diese Entwicklung war Anfang der 70er Jahre für die DDR interessant als nur wenig Polyestermaterial zu sehr hohen Preisen zur Verfügung stand. Trotz einer ausgereiften wissenschaftlich-technischen Lösung wurde sie nicht überführt, weil in vorher nicht absehbarer Weise die Polyesterproduktion ausgeweitet und dadurch die Preisrelation zwischen beiden Fasertypen verschoben wurde.

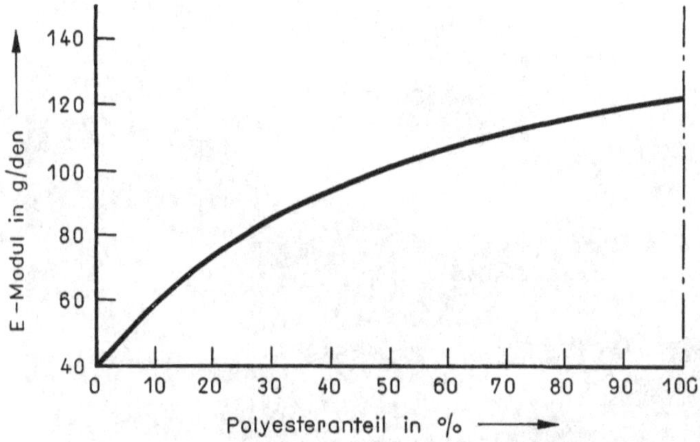


Abb. 20 **Einfluß des Polyesteranteils in Polyamid-6-Compounds auf den Elastizitätsmodul**

Ich habe dieses vom Standpunkt des Naturwissenschaftlers aus unbefriedigende Beispiel bewußt hier vorgestellt, um zu zeigen, welch große Rolle vorher oft nicht absehbare ökonomische Faktoren für die Realisierung einer von der Forschung bereitgestellten Variante zur Produktmodifizierung haben. Schon allein aus diesem Grunde ist es notwendig, zumindest in der Laborforschung, nach Möglichkeit mehrere Wege parallel zu verfolgen, um dann den geeignetsten für die technische Realisierung auswählen zu können. Übrigens hatten die bei der Entwicklung dieser Matrix-Fibrillen-Fäden aus Polyamid und Polyester gewonnenen Erfahrungen nicht nur Erkenntniswert, sondern letzten Endes auch praktischen Nutzen: Die Ergebnisse wurden zum Ausgangspunkt intensiver Laboruntersuchungen zur Herstellung und Verarbeitung von Polymermischungen aus Polyamid und Polyethylenoxid mit dem Ziel einer Verringerung der unerwünschten elektrostatischen Aufladbarkeit von Polyamidfaserstoffen, wobei diese Arbeiten im Teltower Institut begonnen und dann in der betrieblichen Forschung des Chemiefaserkombinates Schwarza fortgeführt wurden. Das Ergebnis ist heute ein bereits in die Produktion übergeführtes Verfahren, nach dem das Chemiefaserkombinat Schwarza unserer Volkswirtschaft eine permanent-antielektrostatisch ausgerüstete Polyamidseide zur Verfügung stellen kann.

Es wurde bereits darauf hingewiesen, welch große Bedeutung die auf die Schmelzeverformung folgenden textilen Arbeitsgänge, insbesondere die Kaltreckung, für die Ausbildung der Fadeneigenschaften haben. Es hat daher nahe gelegen, eine Variation der Parameter dieser Arbeitsgänge zur besseren Anpassung der Fadeneigenschaften an den Einsatzzweck und damit zur Erhöhung des Gebrauchswertes des Finalproduktes zu nutzen. Ein recht erfolgreiches, d. h. bis zur Praxiseinführung gediehenes Beispiel hierfür sind die Arbeiten zur reduzierten Reckung von Polyamidseide im Dresdener Institut. Durch geeignete Führung des Reckprozesses gelingt es, im Faden eine Dehnungsreserve zu belassen, die sich durch eine entscheidende Senkung der Fadenbruchzahl günstig auf nachfolgende textile Arbeitsgänge, insbesondere eine Texturierung der Seide, auswirkt und so zu einer besseren Materialökonomie und einer wesentlichen Steigerung der Arbeitsproduktivität führt.

Lassen Sie mich nun noch kurz auf ein zweites Beispiel aus der Arbeit unseres Forschungsbereiches, nämlich auf die Polyurethane eingehen, um zu zeigen, wie die chemische Grundlagenforschung direkt oder indirekt bei der Gebrauchswerterhöhung von Polymerwerkstoffen wirksam wird. Ungeachtet der Unterschiede in der chemischen Struktur und den Einsatzgebieten zeigt sich in der Entwicklung des Polyamid 6 und der Polyurethane insofern eine interessante Parallele, als auch hier eine Lücke in der Palette verfügbarer Polymerwerkstoffe, deren Schließung einem gesellschaftlichen Bedürfnis entsprach, die Triebkraft für eine großtechnische Entwicklung bildete, obwohl auch hier eine bisher als Laborkuriosität betrachtete, schwierig zu synthetisierende und überdies schwierig zu handhabende Substanzklasse, nämlich die Stoffgruppe der Isocyanate, ein wesentliches Vorprodukt darstellt. Die Abb. 21 veranschaulicht an Hand einiger physikalischer Kennwerte die zwischen den Plasten und Elasten bestehende Lücke in der Werkstoffpalette und deren Schließung durch Polyurethanwerkstoffe. In Abb. 22 ist in stark schematisierter Form das Aufbauprinzip für diese Stoffklasse organischer Polymerer zu sehen. Während wir bei Polyamiden für Schmelzspinnfaserstoffe streng lineare Makromoleküle anstreben und eine Variation der Fasereigenschaften in erster Linie über physikalische Parameter bei der Strukturbildung aus der Schmelze erfolgt, haben wir es bei den Polyurethanen für die meisten Einsatzgebiete mit vernetzten Polymeren zu tun, bei denen die Eigenschaftsvariation im wesentlichen über

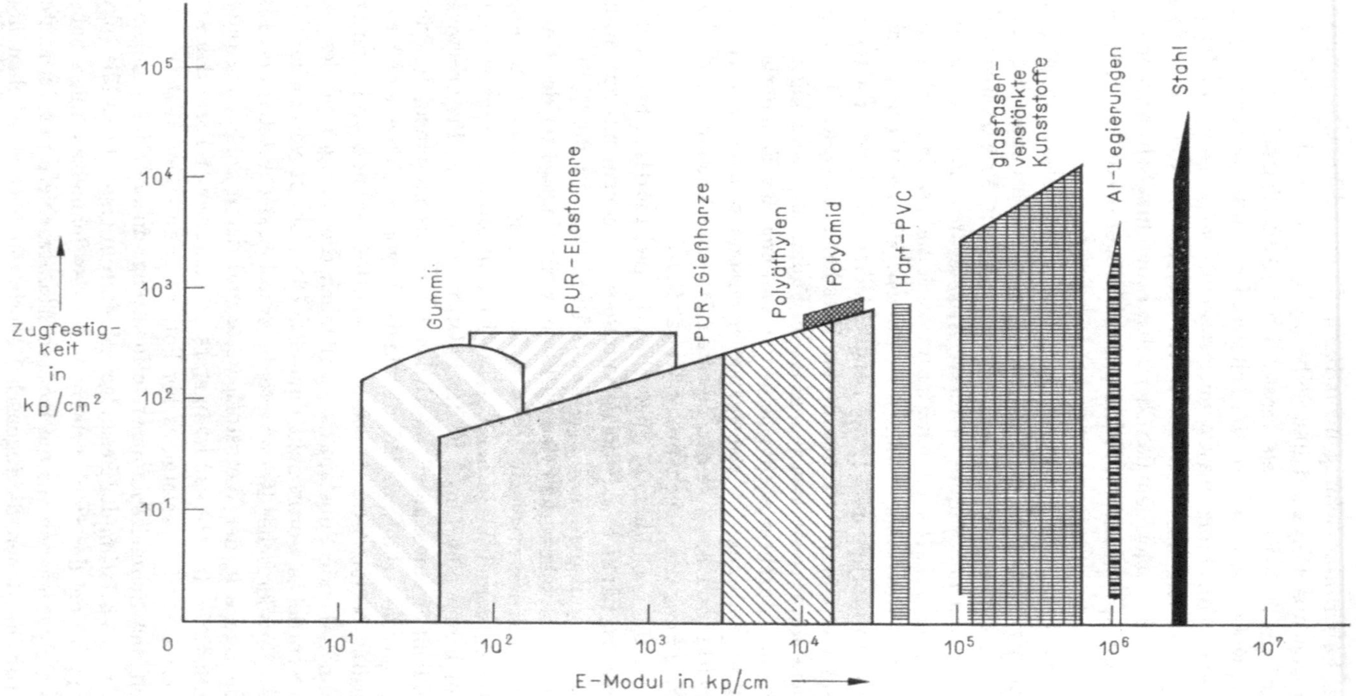


**Abb. 21** Veranschaulichung der zwischen Plasten und Elasten bestehenden Lücke in der Werkstoffpalette, dargestellt in der Abhängigkeit zwischen Zugfestigkeit und dem Elastizitätsmodul (statt kp/cm lies kp/cm²)

chemische Parameter vorgenommen wird, die sich bei der Polyaddition herausbilden. Wir können bei dem Vorprodukt Polyesteralkohol die chemische Struktur und die Kettenlänge, sowie beim eingesetzten Isocyanat die Zahl und Reaktivität der reaktionsfähigen Gruppen und bei dem zur Kettenverlängerung bzw. Brückenbildung eingesetzten mehrfunktionellen Aminen die Kettenlänge variieren; über die Reaktionsparameter des Polymerbildungsprozesses lassen sich die Vernetzungsdichte, die Länge und Verteilung der Vernetzerbrücken im fertigen Polymeren und damit die Gebrauchseigenschaften beeinflussen.

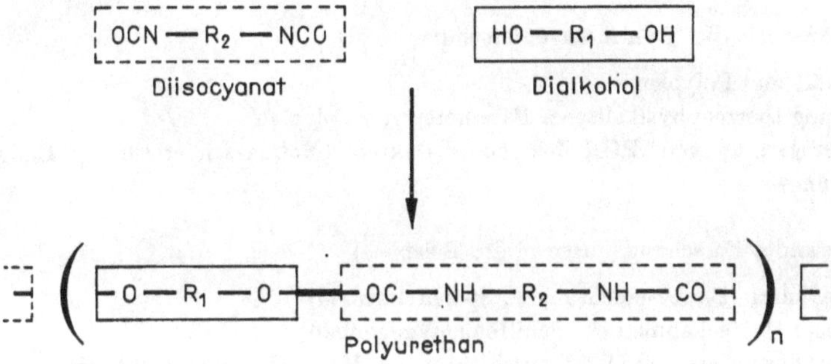


Mit mehrfunktionellen Komponenten gelangt man zu verzweigten bzw. vernetzten Strukturen. In der Regel werden bifunktionelle Isocyanate und di- oder mehrfunktionelle oligomere Alkohole eingesetzt. Die Vernetzungsdichte und damit die mechanischen Eigenschaften des Finalproduktes werden in erster Linie durch die Funktionalität der Reaktionskomponenten gesteuert. Die Eigenschaften der Polyurethane können von weich-elastisch bis hart-spröde variiert werden.

Abb. 22 Polyurethan-Bildungsprinzip

Das Forschungskollektiv „Polyurethane“ im Zentralinstitut für organische Chemie, Bereich Makromolekulare Verbindungen, das etwa um 1970 in Vorbereitung der Produktion im VEB Synthesewerk Schwarzheide seine Arbeit begann, sollte im wesentlichen zwei Aufgaben wahrnehmen (Abb. 23), nämlich einmal den Produktionsprozeß wissenschaftlich zu durchdringen, zum anderen die Voraussetzungen zur Entwicklung der notwendigen Palette an Polyolvorprodukten aus eigener Rohstoff- bzw. Zwischenproduktbasis schaffen. Beide Ziele dienten der Sicherung eines hohen Gebrauchswertes der Endprodukte bzw. einer Anpassung der Produkteigenschaften an bestimmte Einsatzgebiete.

1. Methodenorientierte Grundlagenforschung

Reaktivität von Polyolen
Berechnung thermophysikalischer Parameter von Polyolen
Charakterisierung von PUR-Zwischenprodukten (Molmassenverteilung, Endgruppenbestimmung)

2. Angewandte Forschung (ausgewählte Beispiele)

PUR-Gießharze (Baubeschichtungen, Spachtelmassen)
Flammfeste Hartschaumstoffe (Schiffbau, Waggonbau)
Beschichtungsmaterialien (Textilbeschichtungen, Magnetbandbeschichtungen)
Membrananwendung (Filterkerzen)

Abb. 23 Methodenorientierte Grundlagenforschung und angewandte Forschung, die durchgeführt werden muß, um Polyurethane mit den unterschiedlichsten Eigenschaften für die verschiedenen Applikationsfälle herstellen zu können

Abbildung 24 zeigt die Vielfalt der Einflußgrößen, die auf die Reaktivität von Polyolen wirken und damit die Breite der speziell für Polyurethanzwischenprodukte entwickelten Charakterisierungsmethoden, welche gemeinsam vom Zentralinstitut für organische Chemie und dem VEB Synthesewerk Schwarzheide erarbeitet worden sind. Auf Basis der am Institut durchgeführten Grundlagenarbeiten können wir heute das Reaktionsverhalten solcher Polyole über Struktur-Reaktivitäts-Beziehungen abschätzen, um damit zielgerichtete produktspezifische Rezepturen aufstellen zu können.

Bei der wissenschaftlichen Durchdringung des Herstellungs- und Verarbeitungsprozesses für Polyurethane nahm die Erarbeitung von Struktur-Eigenschafts-Beziehungen, insbesondere zwischen Netzwerkdichte und makroskopischen Werkstoffeigenschaften einen wichtigen Platz ein.

Die umfangreichen theoretischen Arbeiten zur Thermodynamik und Statistik der Bildung von Polymernetzwerken mögen als wesentlicher Beitrag zum Erkenntnisfortschritt auf diesem Gebiet hier nur erwähnt werden, ohne auf Details näher einzugehen. Ein gleichermaßen verallgemeinerungsfähiges

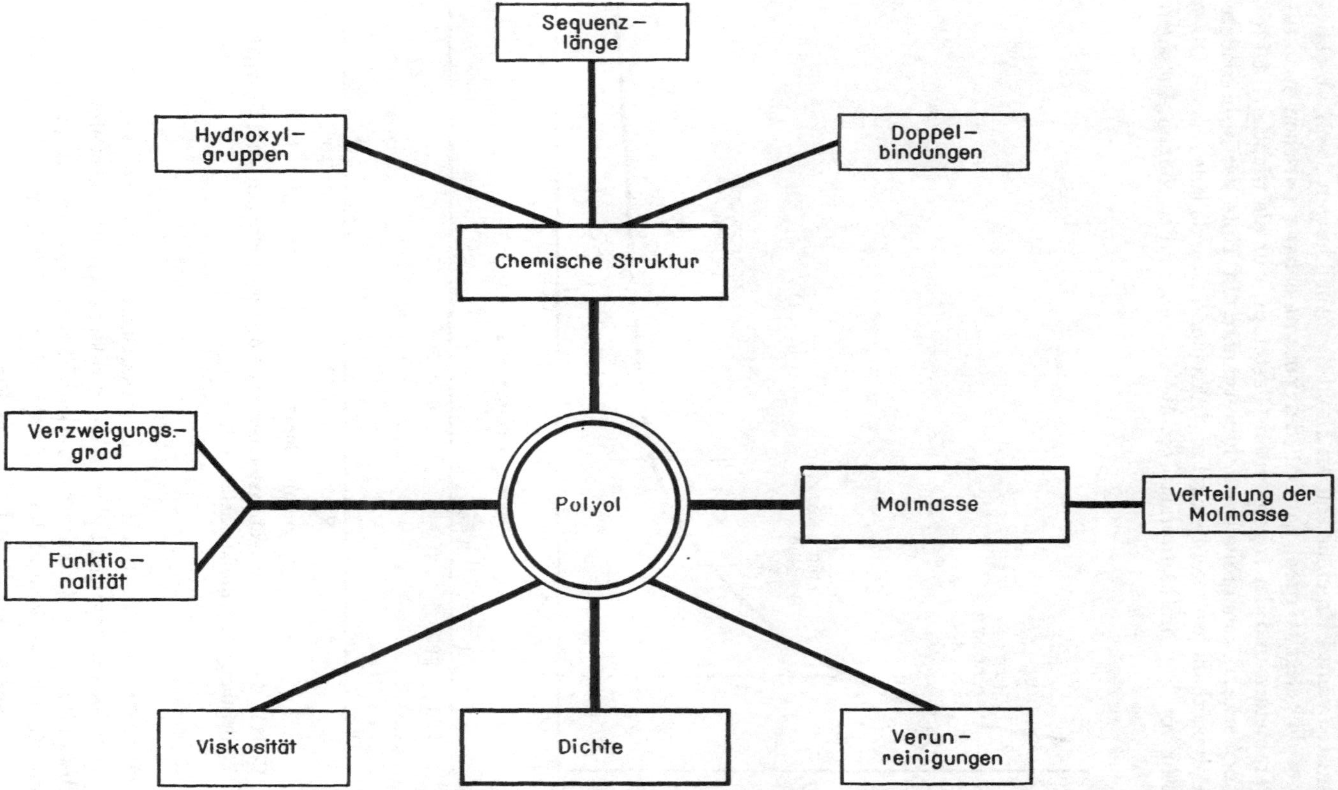


**Abb. 24** Variationsmöglichkeiten des Polyurethanbausteins Polyol zur Einstellung vielfältiger Eigenschaften im Polymerwerkstoff

und praxisrelevantes Ergebnis soll an Hand der Abbildungen 25–27 abschließend kurz dargelegt werden, nämlich der Zusammenhang zwischen strukturellen Parametern und der sogenannten Glastemperatur als wichtige makroskopische Werkstoffkenngröße bei Polyurethanen. Mit Hilfe der insbesondere für die Polyurethane weiterentwickelten Inkrementmethode läßt sich die Glastemperatur von Polyurethanwerkstoffen abschätzen, und es können Aussagen

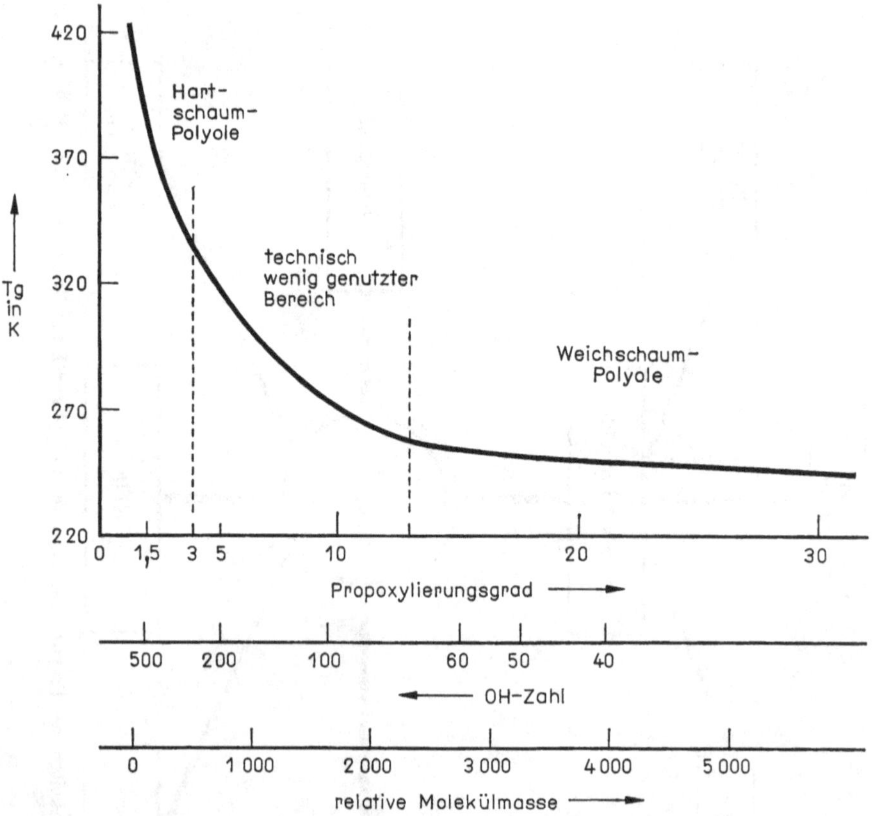


Abb. 25 Verlauf der Glasumwandlungstemperatur von Polyurethanen in Abhängigkeit vom Propoxylierungsgrad trifunktioneller Polyole

über die Einsatzmöglichkeiten der Netzwerkstrukturen gemacht werden. Die gesamte Arbeitsrichtung dient damit einer rationellen und gezielten Eigenschaftsabwandlung von Polyurethanwerkstoffen zur besseren Anpassung an bestimmte Einsatzzwecke und damit gleichzeitig zur Erhöhung des Gebrauchswertes der daraus hergestellten Finalprodukte.

Mit diesem Vortrag wollte ich, verehrter Herr Präsident, an zwei aus der Arbeit unseres Forschungsbereiches ausgewählten Beispielen zeigen, wie die von Ihnen der Polymerforschung gegebenen Anregungen und Impulse sich im Laufe der letzten Jahre in konkreten Ergebnissen niederschlugen. Gleichzeitig war es Anliegen meines Vortrages an Beispielen der organischen Polymeren darzulegen, in welch vielfältiger Weise die naturwissenschaftliche Grundlagenforschung zur Erhöhung des Gebrauchswertes der Werkstoffe beiträgt, aber auch mit welch hohem und vom Forschungskollektiv oft kaum beeinflußbarem Risiko die Praxisnutzbarkeit des Einzelergebnisses behaftet ist. Die engere Zusammenarbeit zwischen Naturwissenschaftlern und Gesellschaftswissenschaftlern muß im Laufe der Jahre zu einem Abbau dieses auch durch öko-

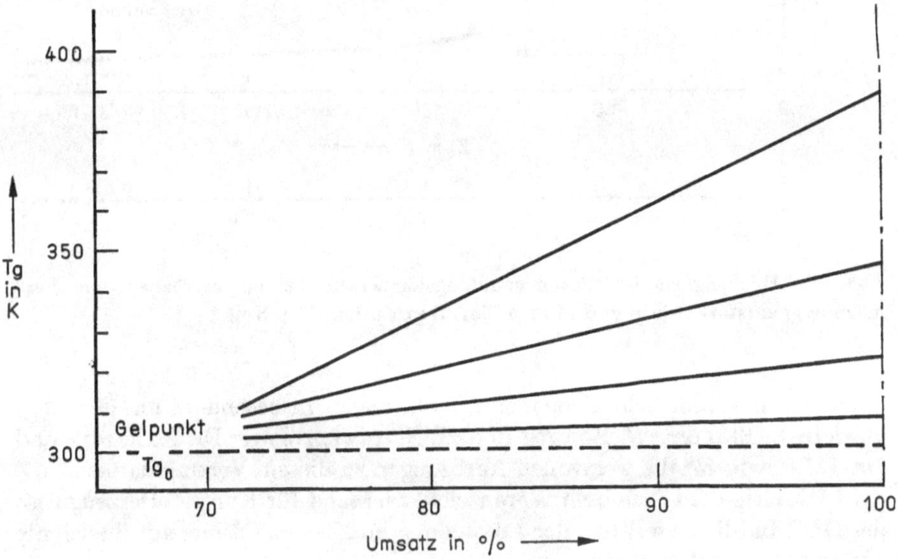


Abb. 26 Abhängigkeit der Glasumwandlungstemperatur von Polyurethanen über den Umsatzgrad

nomische Faktoren bedingten Risikos beitragen. Gleichzeitig lassen solche Überlegungen aber auch erneut die Notwendigkeit erkennen, grundlegende Arbeiten zur Erhöhung des Gebrauchswertes chemischer Produkte im Rahmen einer breit angelegten und in die Tiefe gehenden langfristigen Bearbeitung durchzuführen, um aus dem dabei akkumulierten Wissensfundus heraus dann der jeweiligen ökonomisch-technologischen Situation angepaßte praxisrelevante Lösungswege konzipieren und herausarbeiten zu können.

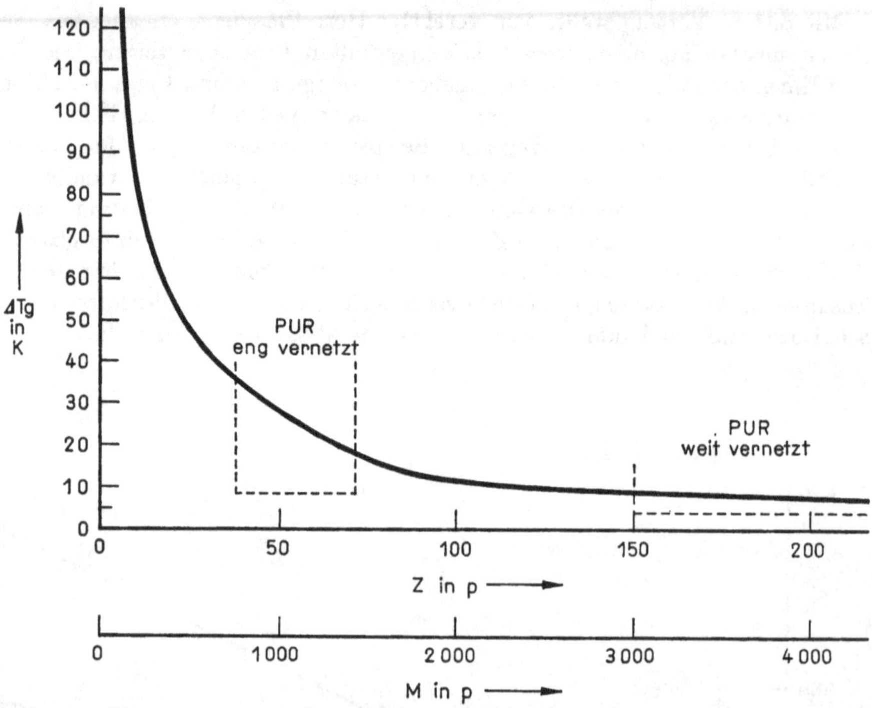


Abb. 27 Abhängigkeit der Glasumwandlungstemperatur bei Polyurethanen vom Vernetzungsgrad (statt Z in p und M in p lies Z pro p und M pro p)

Ich möchte zum Schluß meiner Ausführungen insbesondere unseren Mitgliedern B. PHILIPP, W. BOBETH und H. FROMMELT sowie Dr. K. LANGE und Dr. J. LUDWIG für die wertvollen Anregungen zu diesem Vortrag danken.

Gleichzeitig danke ich dem Warenzeichenverband für Kunststofferzeugnisse der DDR für die Gestaltung der Ausstellung im Kleinen Casino, auf die ich Sie aufmerksam machen möchte.

Ihnen danke ich für Ihre Aufmerksamkeit.

Werner Scheler

# Zu Problemen des Arzneimittel- und Fremdstoff-Metabolismus im Säugerorganismus

Herr Präsident, lieber Herr KLARE, meine sehr verehrten Kollegen, meine Damen und Herren!

Ich möchte Sie in ein Forschungsgebiet einführen, das Ihnen eine enge Verbindung zwischen Chemie, Biologie und Medizin vor Augen führt, in das Gebiet des Arzneimittel- und Fremdstoff-Metabolismus im Organismus.

Wie ich den Ausführungen von Herrn KEIL entnahm, haben Sie, verehrter Herr KLARE, in Ihrer akademischen Jugend auch mit niedermolekularen Verbindungen Kontakt gehabt und sicherlich auch während Ihrer „Hochmolekularen-Zeit", Ihrer „Faserzeit", immer wieder Berührung mit niedermolekularen Stoffen. Es interessiert Sie sicherlich - sowohl von der chemischen Seite her aber auch als zeitweiliges „Objekt der Medizin" - wie ein Organismus mit den Arzneistoffen und anderen Fremdstoffen fertig wird, die er aufnimmt, wie er sie umsetzt.

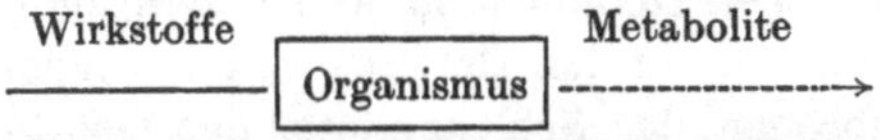


Biologische Effekte: pharmakodynamisch (~reversibel)
toxisch (reversibel/irreversibel)

Ursachen der Reversibilität:

- Organismus = Offenes System. Mit dem Milieu im Stoff-, Energie- und Informationsaustausch
- Nichtkovalente (leicht dissoziable) Bindung der Wirkstoffe
- Chemische Veränderung = Biotransformation

Folge: Ausscheidung der Wirkstoffe/Metabolite

Abb. 1 Wechselwirkung chemischer Verbindungen mit dem Organismus

Wie Abb. 1 zeigt, können wir beim Einbringen verschiedener Stoffe in den Organismus zwei Kategorien von biologischen Effekten von der pragmatischen Seite her differenzieren: Erstens sogenannte pharmakodynamische und zweitens toxische Effekte. Die pharmakodynamischen Wirkungen sind gewünscht, etwa eine schlafmachende Wirkung eines Barbiturats oder die herzstärkende Wirkung des Strophanthins. Die toxischen Wirkungen sind unerwünscht, dazu gehören allgemeine Zellschädigungen, Leberschädigungen, mutagene Wirkungen, kanzerogene Effekte u.dgl.m. In der Regel sind diese biologischen Effekte reversibel mit Ausnahme insbesondere einiger toxischer Effekte, welche zu irreversiblen Veränderungen im Organismus Anlaß geben.

Warum ist nun die Wechselwirkung der überwiegenden Zahl chemischer Verbindungen mit dem Organismus reversibel? Dafür gibt es drei Ursachen. Diese Ursachen sind in Abb. 1 aufgelistet. Erstens ist der Organismus ein thermodynamisch offenes System, er steht mit seinem Milieu in Wechselwirkung und im ständigen Stoff-, Energie- und Informationsaustausch. Hier interessiert insbesondere der Stoffaustausch. Zweitens geht die Mehrzahl der Verbindungen, die wir verabreichen, ob Arzneistoffe oder andere Fremdstoffe, nichtkovalente Bindungen im Organismus ein, d.h. dissoziable reversible Bindungen. Die dritte Ursache für die Reversibilität bilden chemische Veränderungen dieser Wirkstoffe im Organismus, ihre metabolische Umwandlung zu definierten Metaboliten. Dieser auch als Biotransformation bezeichnete Prozeß ist enzymatischer Natur. Als Folge aller drei Faktoren kommt es somit zur Ausscheidung der Wirkstoffe bzw. ihrer Metabolite aus dem Organismus; d.h. also, die Arzneistoffe, die wir zu uns nehmen, häufen sich nicht im Organismus an, sie werden wieder eliminiert.

Hauptteliminationsorgan ist die Niere. Die meisten Arzneistoffe oder auch andere toxische Verbindungen werden aus dem Organismus in Form ihrer wäßrigen Lösungen mit dem Urin ausgeschieden. Das setzt allerdings voraus, daß die Pharmaka bzw. ihre Metabolite gut wasserlöslich sind. Die Mehrzahl unserer Arzneistoffe ist aber im wesentlichen lipophil und wenig hydrophil. Das hängt damit zusammen, daß sie, wenn sie in den Organismus eindringen sollen, die Lipidbarriere der Zellmembranen der Schleimhäute, der Gefäßendothelien und der Organe (z.B. Zentralnervensystem) überwinden müssen (Abb. 2). Dazu gehört also eine ausgesprochene Apolarität bzw. Lipophilie. Ganz anders, und das sagte ich schon, ist es bei der Ausscheidung mit dem

| | |
|---|---|
| – Resorption über die Schleimhäute<br>– Verteilung auf die Organe (z.B. ZNS) | – Ausscheidung mit dem Urin |
| Vorbedingungen | |
| – niedermolekular<br>– lipophil > hydrophil | – Molekulargewicht < 10000–15000<br>– hydrophil > lipophil |

Biotransformation

Abb. 2 Löslichkeit und Bewegung von Wirkstoffen im Organismus

Urin. Hierzu ist eine gute Wasserlöslichkeit, d.h. eine höhere Polarität, Voraussetzung.

Der Organismus hat ein Biotransformationssystem entwickelt, das in der Lage ist, derartige lipophile Stoffe in stark polare, d.h. gut wasserlösliche Verbindungen umzuwandeln. Dieses Biotransformationssystem ist im wesentlichen in unserer Leber lokalisiert. In Abb. 3 ist dargestellt, an welchen Strukturen dieser Arzneimittelmetabolismus erfolgt. Innerhalb der Leber sind die Leberparenchymzellen unmittelbar beteiligt. Innerhalb dieser Zellen erfolgt die Umsetzung an einer subzellulären Struktur, die wir als endoplasmatisches Retikulum bezeichnen. Dabei handelt es sich um lamelläre, membranäre Gebilde, die die Zelle durchziehen. Das endoplasmatische Retikulum hat verschiedene Funktionen, u.a. die der Biotransformation von Fremdstoffen oder von Arzneistoffen. Innerhalb dieses endoplasmatischen Retikulums sind verschiedene Enzymsysteme an der Umwandlung der Arzneistoffe beteiligt. Unter ihnen dominiert eine mischfunktionelle Oxydase. Sie vollzieht die Biotransformation unter Sauerstoffverbrauch. Das funktionelle Schlüsselglied dieser mischfunktionellen Oxydase ist das Zytochrom P-450, auf das ich näher eingehen werde.

Leber ≫ Niere, Blut, Lunge ...

↓

Leberparenchymzellen

↓

Endoplasmatisches Retikulum > Mitochondrien, Zytoplasma

↓

Mikrosomale mischfunktionelle Oxydase > andere Enzyme

↓

Zytochrom P-450

Abb. 3 Biotransformationsorte für apolare Fremdstoffe

Die mischfunktionelle Oxydase liegt in Form eines Dreikomponentensystems vor (Abb. 4). Es handelt sich dabei um das schon erwähnte Zytochrom P-450, zweitens um ein reduzierendes Enzym, die Zytochrom-P-450-Reduktase, ein Flavinenzym. Dieses Flavinenzym dient der Elektronenübertragung vom NADPH auf das Zytochrom P-450. Die dritte Komponente sind Phospholipide aus den Membranen des endoplasmatischen Retikulums. Die mischfunktionelle Oxydase funktioniert nur in Gegenwart von Sauerstoff und NADPH. Sie ist ein membrangebundenes Enzym, kann jedoch durch Detergentien solubilisiert werden. Das gesamte Zytochrom-P-450-System liegt in den Membranen in Form von Cluster-Strukturen vor. Das wird auch schon aus der Stöchiometrie dieser einzelnen Komponenten deutlich. Auf ein Reduktasemolekül entfallen etwa 30–40 Zytochrom-P-450-Moleküle und rund 6000 Phospholipid-Moleküle. Diese Phospholipide sind essentiell für die Ausbildung der funktionell aktiven Konformation beider Enzyme und für die spezifische Wechselwirkung zwischen ihnen. Ansonsten funktioniert der Elektronenübertragungsprozeß zwischen beiden Enzymen nicht.

| | |
|---|---|
| - Zytochrom-P-450 | (35) |
| - Zytochrom-P-450-Reduktase | (1) |
| - Phospholipide | (6000) |

$O_2$- und NADPH-abhängig
Membrangebunden, solubilisierbar
Cluster-Strukturen

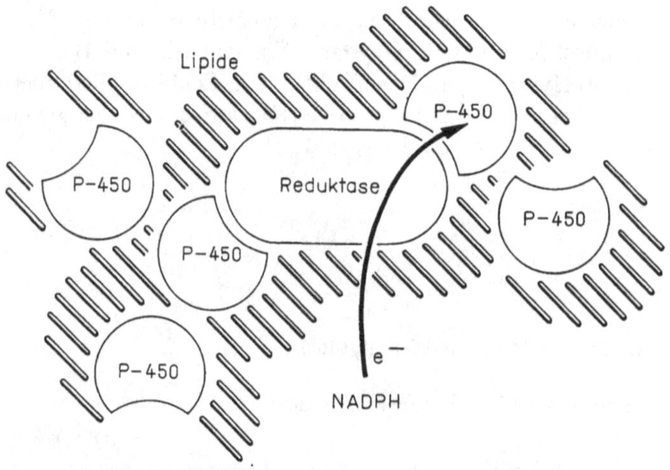


Abb. 4 Mischfunktionelle Oxydase

Das funktionelle Schlüsselglied in diesem System ist das Zytochrom P-450 (Abb. 5). Aus welchem Grund? Erstens bindet es den Fremdstoff, also etwa einen Arzneistoff oder irgend eine andere chemische Verbindung, zweitens geht es eine Bindung ein mit molekularem Sauerstoff, drittens kommt es zur spezifischen Wechselwirkung mit der Zytochrom-P-450-Reduktase und der Übertragung von Elektronen aus dem NADPH und viertens kommt es schließlich zur katalytischen Umsetzung des Substrats und zur Bildung der entsprechenden Metabolite und ihrer Freisetzung. Das ist also zusammengefaßt, was die Eigenschaften des Zytochroms P-450 besonders auszeichnet.

Von der Biochemie sind wir gewohnt, daß die Enzyme über eine ausgesprochene Substratspezifität und Selektivität verfügen. Das ist gerade bei diesem Enzym, dem Zytochrom P-450, nicht der Fall. Interessanterweise existiert

- Bindung des Fremdstoffes (= Substrat des P-450)
- Bindung von molekularem $O_2$
- Spezifische Interaktion mit der Zytochrom-P-450-Reduktase (Übertragung von 2mal je 1 Elektron)
- Katalytische Umsetzung des Substrats zum Metaboliten
- Abdissoziation der Metaboliten

Abb. 5 Zytochrom P-450 = funktionelles Schlüsselglied der Biotransformation

hierbei praktisch keine oder nur eine sehr geringe Substratspezifität. Eine Übersicht über nachgewiesene Reaktionsarten findet sich in Abb. 6. Verschiedene dieser Prozesse und der intermediär entstehenden reaktiven Produkte sind toxikologisch bedeutsam, so beispielsweise die Bildung von N-Oxiden. Diese N-Oxide sind in der Lage, mit bestimmten Strukturen im Organismus, insbesondere Proteinen und Nukleinsäuren, zu reagieren, wodurch toxische Effekte ausgelöst werden.

- Hydroxylierung von Aromaten
- Hydroxylierung von Aliphaten
- Oxydative O- bzw. N- bzw. S-Desalkylierung
- Oxydative Desaminierung
- Oxydative Deshalogenisierung
- Oxydative Desarylierung
- Oxydative Desalkylierung
- N-Oxydation
- S-Oxydation
- Dehydrogenisierung

Abb. 6 Chemische Veränderungen bei der Biotransformation von Fremdstoffen

Diese Vielzahl von chemischen Umwandlungen macht ein solches Enzymsystem sowohl von der praktischen Seite her als auch vom theoretischen Gehalt her sehr interessant. Wir haben uns seit wenigen Jahren in Buch, im Bereich Biokatalyse des Zentralinstituts für Molekularbiologie, meiner früheren Abteilung, verstärkt mit den Eigenschaften dieses Zytochrom-P-450-Systems befaßt. Das Zytochrom P-450 ist eine Hämoproteide, genauso wie unser roter Blutfarbstoff oder der rote Muskelfarbstoff. Dieses Zytochrom P-450 besteht wie andere Hämoproteide aus einer Proteinkomponente und einer prosthetischen Gruppe (Abb. 7). Die prosthetische Gruppe enthält als zentrales Atom das Eisen im dreiwertigen Zustand (ist aber in andere Oxydationszustände überführbar) und Protoporphyrin IX. Das ist die gleiche prosthetische Gruppe wie auch in unserem roten Blutfarbstoff. Gegenwärtig ist dieses Molekül hinsichtlich seiner Zusammensetzung, seiner Struktur und daraus resultierender

Eigenschaften in Bearbeitung. Wenn das Zytochrom P-450 aus der Membran herausgelöst wird, liegt es als Assoziat mehrerer Untereinheiten vor (scheinbares Molekulargewicht um 300000 D). Diese Assoziate lassen sich durch Detergentien oder durch andere Eingriffe in Untereinheiten aufspalten (Molekulargewicht um etwa 50000). Die Anzahl der Aminosäuren und auch die Aminosäurezusammensetzung sind heute bekannt. Noch nicht bekannt ist die Aminosäuresequenz, wie also die Anordnung der einzelnen Aminosäuren im Protein erfolgt. Ebenfalls noch unbekannt ist die Konformation des Moleküls.

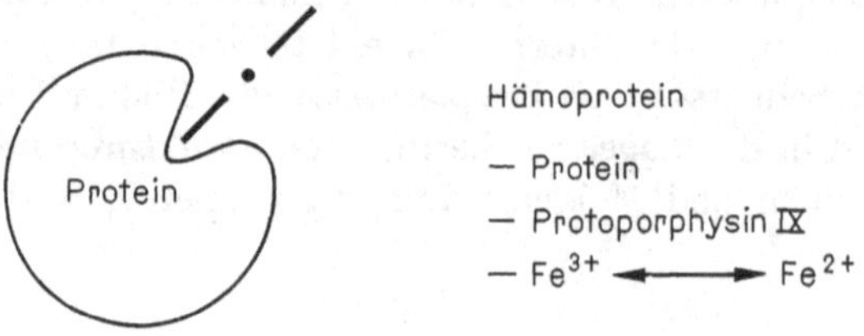


| | | | |
|---|---|---|---|
| Molekulargewicht | | Assoziat | ~ 300 000 Dalton |
| | | Untereinheit | 48 700 " |
| Aminosäuren | (Zahl) | | 424 |
| | (Sequenz) | | ? |
| Kristallstrukturanalyse | | | ? |
| Liganden | Typ I : | Apolare Fremdstoffe, bestimmte endogene Stoffe | |
| | Typ II : | Liganden des Fe | |

Abb. 7 Zytochrom P-450 (Lebermikrosomen, Fraktion LM2)

Hinsichtlich der Bindungen von Fremdstoffen (und körpereigenen Stoffen) kennen wir zwei Typen von Verbindungen. Die überwiegende Zahl gehört dem sogenannten Typ 1 an. Darunter fällt die Mehrzahl der Arzneimittel, wie etwa die Barbiturate, das Benzphetamin und viele andere Produkte. Es handelt sich um apolare Verbindungen. Als Typ-2-Verbindungen sind verschiedene Substanzen bekannt, die unmittelbar mit dem Eisen der prosthetischen Gruppe in Wechselwirkung treten. Dazu gehören typische Eisenliganden, wie Zyanid, Imidazol, Pyridin und weitere Stickstoffbasen. Durch ihre Bindung an die prosthetische Gruppe blockieren sie die Funktion des Eisens und hemmen die Umsetzung der Arzneistoffe und anderer Fremdstoffe.

Zu einigen Eigenschaften des Zytochrom P-450: Sein Name rührt daher, daß dieses Zytochrom, wenn man es in Kohlenmonoxid-Gegenwart reduziert, einen Kohlenmonoxid-Komplex ausbildet, der eine starke Lichtabsorptionsbande um 450 nm aufweist. Im oxidierten Zustand, wie es im Organismus vorliegt, ist die Hauptabsorption bei etwa 416–417 nm. In Gegenwart von Typ-1-Substraten verschiebt sich dieses Absorptionsmaximum nach ~390 nm.

Typ-2-Verbindungen bewirken dagegen eine Verschiebung in das langwellige Gebiet. Man kann demzufolge mittels Differenzspektroskopie die Bindung von Arzneistoffen oder Liganden sehr gut spektral verfolgen. Typische Vertreter der Typ-1-Verbindung sind z.B. Hexaobarbital und das Benzphetamin, und für Typ-2-Stoffe Imidazol oder Zyanid. Anilin nimmt hinsichtlich des Bindungstyps eine gewisse Zwischenstellung ein.

Das $Fe^{3+}$ des Zytochrom P-450 liegt in einem Spingleichgewichtszustand vor. Von den Milieu-Bedingungen ebenso wie von der Bindung verschiedener Substrate hängt es ab, wie dieses Spingleichgewicht des $Fe^{3+}$ sich verschiebt. Mittels EPR-Technik läßt sich nachweisen, daß nur bei der LM-2-Fraktion der Lebermikrosomen ein geringer Anteil (~7%) in der high-spin-Form vorliegt und zu ~93% in der low-spin-Form. Wenn sich Arzneistoffmoleküle an das P-450 anlagern, kommt es zu einer Erhöhung des high-spin-Anteils.

Wir haben mit dem Zytochrom P-450 eine Vielzahl von Untersuchungen im Hinblick auf Bindungs- und Gleichgewichtseigenschaften sowie die Thermodynamik der Reaktionen studiert. Ferner analysierten wir die Reaktionskinetik und ihre Abhängigkeit von der Temperatur. Die Arzneistoffbindung an das Zytochrom P-450 belegt eine hohe Affinität vieler dieser Stoffe. Diese basiert auf einem hohen Entropieanteil, d.h. also, die Bindung ist im wesentlichen auf hydrophobe Beziehungen zwischen dem Eiweißmolekül und den apolaren Strukturen des Arzneistoffes zurückzuführen. Wir haben dann darüber hinaus in Zusammenarbeit mit jugoslawischen Kollegen auch die Zugänglichkeit des paramagnetischen Zentrums dieser prosthetischen Gruppe mittels NMR-Relaxationsmessungen durchgeführt. Dabei zeigte sich, daß die prosthetische

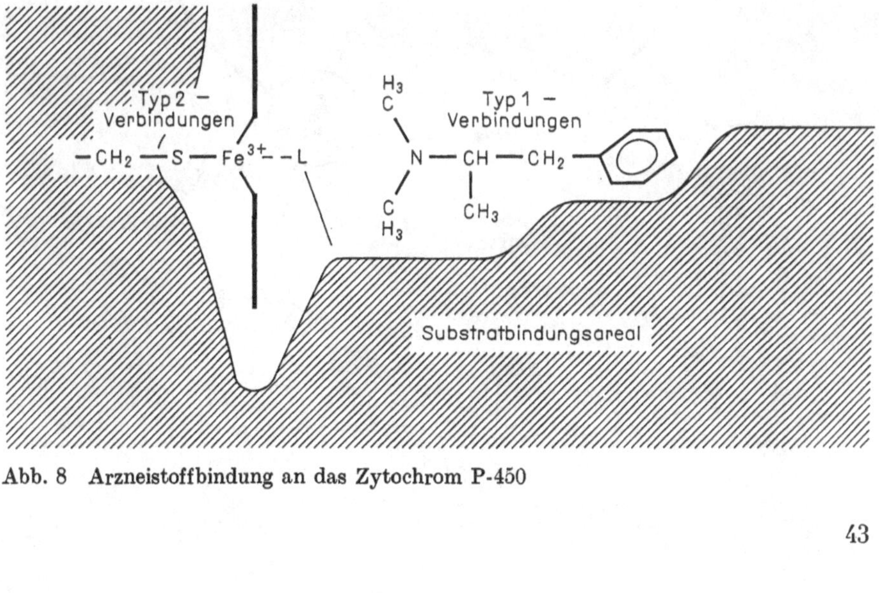


Abb. 8 Arzneistoffbindung an das Zytochrom P-450

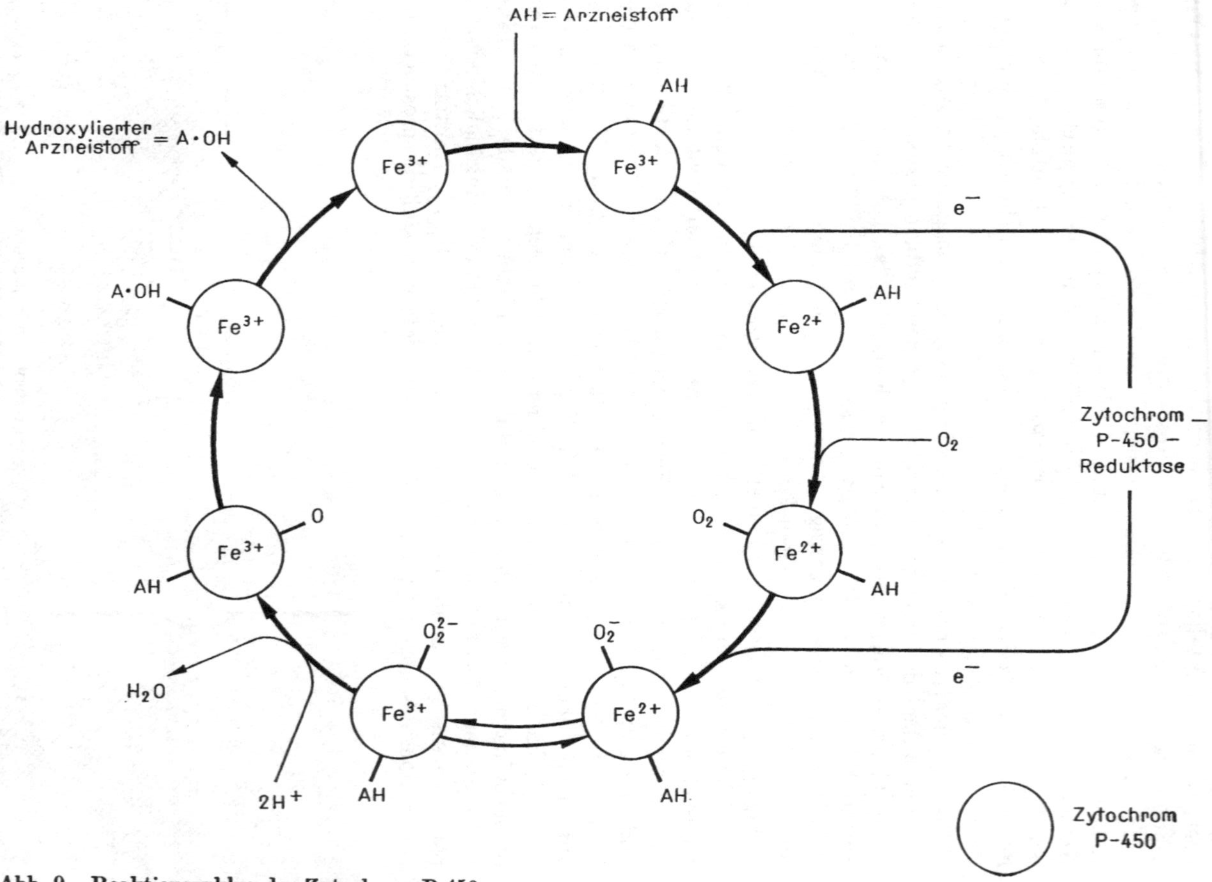


Abb. 9 Reaktionszyklus des Zytochrom P-450

Gruppe relativ oberflächlich am Protein angeordnet ist, so daß auch relativ große Arzneistoffmoleküle recht gut zu dieser prosthetischen Gruppe vordringen können. Wir müssen also annehmen, daß an der Oberfläche dieses Enzymmoleküls eine Bindungsstelle vorhanden ist, die relativ hydrophob ist, die also durch apolare Seitenketten verschiedener Aminosäuren gebildet wird, und an die sich lipophile Arzneistoffmoleküle anlagern können, ohne direkt mit dem Eisen der prosthetischen Gruppe in Berührung zu kommen (Abb. 8).

Dieses Eisen der prosthetischen Gruppe ist nach Anlagerung des Arzneistoffes in der Lage, molekularen Sauerstoff zu binden, diesen zu aktivieren und durch den aktivierten Sauerstoff das in der Nachbarschaft befindliche Arzneistoffmolekül dann zu hydroxylieren oder anderweitig oxydativ zu verändern.

Unsere derzeitigen Vorstellungen über den Reaktionszyklus und Reaktionsmechanismus sind in Abb. 9 dargestellt. Als $Fe^{3+}$ ist hierbei das Zytochrom P-450 in seiner oxydierten Form dargestellt. Zuerst bindet sich ein Arzneimittelmolekül, als AH bezeichnet, an das Enzymprotein. Durch diese Bindung wird die Elektronenstruktur der prosthetischen Gruppe verändert und aus der Zytochrom-P-450-Reduktase ein Elektron aufgenommen. Dieses Elektron dient der Reduktion des Eisens, das vom dreiwertigen in den zweiwertigen Zustand übergeht. In diesem Zustand besitzt das Eisen eine hohe Reaktivität gegenüber dem molekularen Sauerstoff des Mediums. Mit der Anlagerung des Sauerstoffmoleküls bildet sich ein ternärer Komplex zwischen P-450, Sauerstoff und Arzneistoff. In dieser Form kann ein zweites Elektron aus der Reduktase eingespeist werden. Dieses zweite Elektron dient der Reduktion des Sauerstoffs. Über Superoxid- und Eroxid-Zwischenstrukturen kommt es dann zur Spaltung des Sauerstoffmoleküls. Ein Sauerstoffatom wird unter Aufnahme von zwei Protonen aus dem Milieu zu Wasser reduziert und das zweite Sauerstoffatom, welches als Oxenoidkomplex des P-450-Eisens vorliegt, lagert sich an den Arzneistoff an und führt zu seiner Hydroxylierung. Das Reaktionsprodukt dissoziiert vom Enzym ab, und das Enzym ist für die Aufnahme eines neuen Arzneimittelmoleküls frei. Damit ist der gesamte Reaktionszyklus durchlaufen.

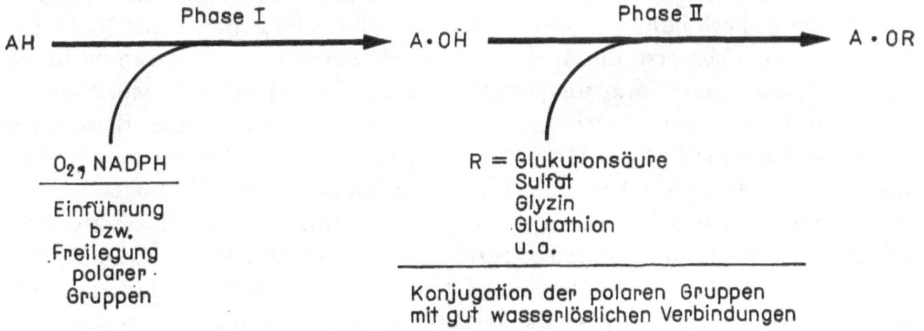


Abb. 10 Phasen der Biotransformation

Die so erfolgende Biotransformation dient also dazu, polare Gruppen in schlecht wasserlösliche Moleküle einzuführen bzw. kaschierte polare Gruppen freizusetzen, wie z.B. durch die Spaltung von Alkoxygruppen. Die polaren Gruppen stehen für weitere Umsetzungen zur Verfügung. Sie werden in einer zweiten Phase mit verschiedenen gut wasserlöslichen Stoffen konjugiert. Dazu gehören Glukuronsäure, Schwefelsäure, Glyzin, Glutathion und andere Stoffe (Abb. 10). Auf diese Art und Weise wird die Wasserlöslichkeit der Metabolite und damit ihre Ausscheidungsfähigkeit über den Urin weiter erhöht.

In Abb. 11 sind die Konsequenzen der Biotransformation zusammengefaßt. In der Regel wird durch die Biotransformation die Ausgangsverbindung in einen weniger wirksamen oder unwirksamen Metaboliten umgewandelt. So werden Schlafmittel der Barbituratgruppe im Organismus zu Hydroxybarbituraten und zu entsprechenden weiteren Produkten biotransformiert. Dabei

Ausgangsverbindung

Biotransformation

→ Metabolit weniger oder nicht mehr pharmakodynamisch aktiv (Barbiturate → Hydroxybarbiturate)

→ Metabolit in gleicher Weise und Stärke pharmakodynamisch aktiv (Phenylbutazon → Oxyphenylbutazon)

→ Metabolit stärker pharmakodynamisch aktiv als Ausgangsverbindung (Imipramin → Desmethylimipramin)

→ Metabolit wirkt toxisch (Halothan → Trifluoracetaldehyd)

Abb. 11 Konsequenzen der Biotransformation

erlischt die schlafmachende Wirkung. Eine zweite Möglichkeit, wobei der gebildete Metabolit gleichfalls pharmakodynamisch aktiv ist, liegt z.B. beim Phenylbutazon vor, einem starken Antirheumatikum. Es wird im Stoffwechsel zu Oxyphenylbutazon umgewandelt, welches gleichfalls eine starke antirheumatische Wirkung besitzt. Eine weitere Möglichkeit ist gegeben, wenn die verabreichte Verbindung selbst kaum oder nur wenig pharmakodynamisch aktiv ist, sie aber erst durch die Biotransformation im Organismus in die eigentlich wirksame Form umgewandelt wird. Ein typisches Beispiel ist das Imipramin, ein Antidepressivum. Es wird im Organismus durch diese enzymatische Katalyse in Desmethylimipramin umgewandelt. Dieses ist die pharmakodynamisch aktive Form, sie übt die antidepressiven Wirkungen aus.

Auf eine vierte Konsequenz möchte ich besonders aufmerksam machen: Die Bildung bestimmter toxischer Intermediär- oder Endprodukte. Dieser Fall ist gar nicht so selten. Deshalb muß bei der Analyse der Arzneimittelwirkungen, besonders bei der Zulassung neuer Arzneistoffe, ihr Metabolismus bekannt sein, um von vornherein zu sichern, daß solche toxischen Zwischen- oder Endprodukte nicht auftreten. Ein praktisches Beispiel: Bei der Halothannarkose wird ein Teil Trifluorazetaldehyd gebildet. Dieser ist in der Lage, mit Proteinen oder anderen körpereigenen Bausteinen zu reagieren. Hierdurch können Leberschädigungen bewirkt werden. Gleiches ist für Chloroformnarkosen bekannt. Diese Nebenwirkungen hängen jedoch in starkem Maße von der Dosis ab, d.h. von der Narkosedauer, und vom Zustand des Organismus. Sie sind bei einer einmaligen Halothannarkose im allgemeinen wenig ausgeprägt. Derartige metabolische Umwandlungen zu toxischen Produkten sind von großer Bedeutung. Gut untersucht ist z.B. die Umwandlung des Brombenzols und anderer Halogenbenzole. Vom Brombenzol ist bekannt, daß es eine starke Leberschädigung auslöst. Die Ursache dafür ist darin zu sehen, daß durch die mischfunktionellen Oxydasen ein Epoxid gebildet wird, das hochreaktiv ist und sich an nukleophile Makromoleküle, wie Proteine und Nukleinsäuren, kovalent bindet. Damit kommt es zur Schädigung der Zellstruktur oder sogar des Erbmaterials.

Ein weiteres Beispiel führt in die Krebsforschung. Benzpyren ist als starkes Karzinogen bekannt. Aber das Benzpyren selbst wirkt nicht kanzerogen, sondern seine Stoffwechselprodukte. Benzpyren wird gleichfalls durch die mischfunktionellen Oxydasen in verschiedene Zwischenprodukte umgewandelt, unter anderem in Arenoxide, ebenfalls Epoxide, die teilweise entgiftet bzw. auch durch die Epoxidhydratase zu Diolen umgewandelt werden (Dihydrodiole). Aus diesen Dihydrodiolen entstehen unter der Mitwirkung der mischfunktionellen Oxydasen Diol-Epoxide. Diese sind hochreaktiv gegenüber Nukleinsäuren und Proteinen. Sie sind die eigentlichen krebsauslösenden Substanzen nach Benzpyrenapplikation. Ein drittes Beispiel, das die Polymerchemie berührt, ist das Vinylchlorid. Auch beim Vinylchlorid ist der Metabolismus im Organismus aufgeklärt. Es entstehen unter anderem Chlordiethylenoxid, 2-Chloracetaldehyd und Monochloressigsäure. Der Chemiker weiß, daß dies reaktive Verbindungen sind. Insbesondere verfügt Chlordiethylenoxid als Epoxid über eine hohe Reaktivität und damit über starke toxische Effekte.

Als letztes Beispiel sei das Phenazetin erwähnt, ein Analgetikum, von dem – bei chronischer Einnahme und in höherer Dosierung – Nierenschäden ausgelöst werden können. Phenazetin wird am Organismus in verschiedene Stoffwechselwege eingeschleust. Es entstehen unter anderem stark elektrophile chinoide Strukturen, die sich spontan mit nukleophilen Makromolekülen kovalent umsetzen können. Auf diese Reaktionen sind die nierenschädigenden Eigenschaften zurückzuführen.

Verehrte Anwesende, damit möchte ich meinen Vortrag beenden. Ich habe mich bewußt auf Probleme des Fremdstoff-Metabolismus beschränkt. Indessen ist Zytochrom P-450 nicht nur aus dem Blickwinkel der Pharmakologie und Toxikologie von Interesse. Das Zytochrom-P-450-System hat primär physiologische Funktionen. Es ist u.a. an der Umsetzung verschiedener körpereigener Stoffe wie z.B. der Steroide, der Prostaglandine, also körpereigner Mediatoren, beteiligt. Bedeutung erlangt es ferner bei bestimmten pathologischen Zuständen

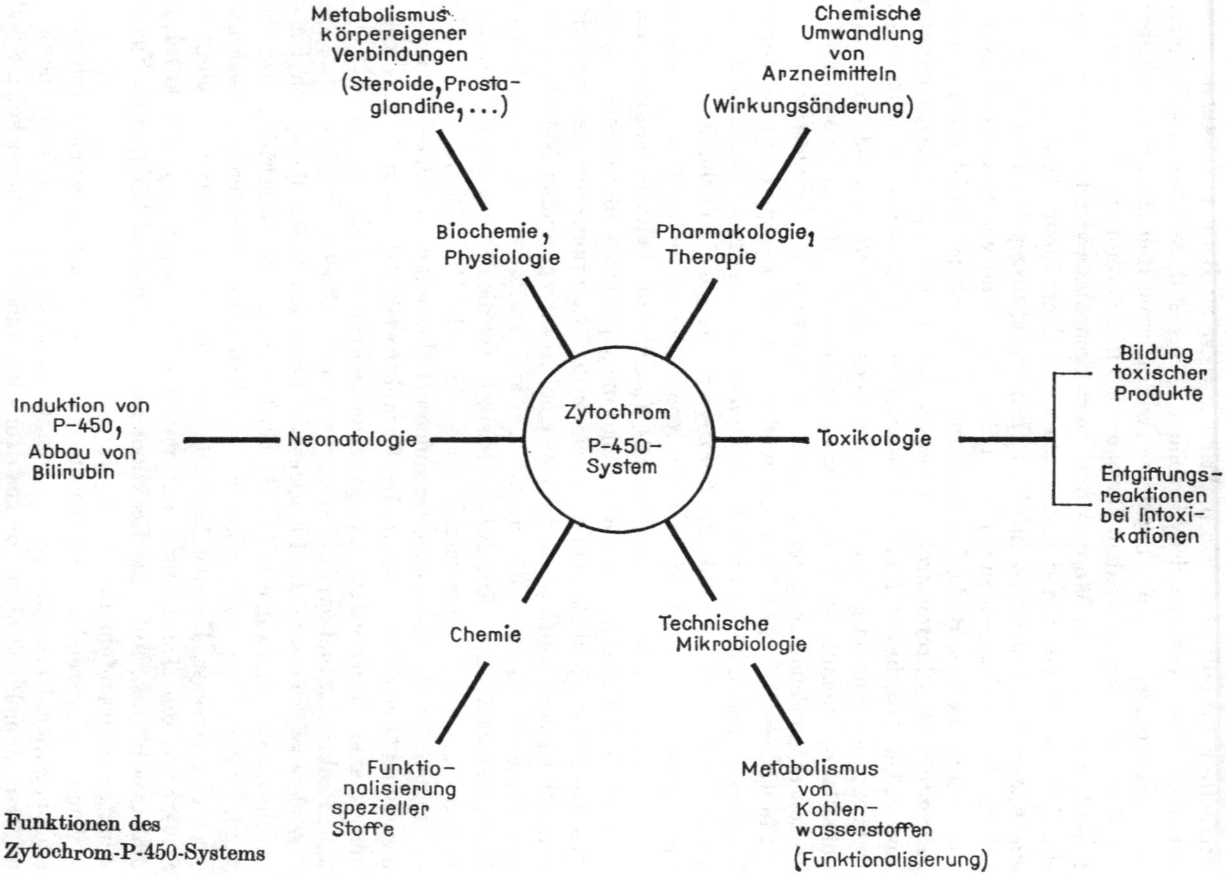


Abb. 12 **Funktionen des Zytochrom-P-450-Systems**

etwa bei einer Hyperbilirubinämie der Säuglinge. Wenn durch einen vermehrten Blutzerfall zuviel Bilirubin gebildet wird, kann durch die Induktion des Zytochrom-P-450-Systems eine Prophylaxe bzw. eine Therapie betrieben werden, um die Säuglinge vor Hirnschäden und anderen Schädigungen zu schützen. Ebenso bin ich nicht auf die Rolle des Zytochrom-P-450-Systems in Mikroorganismen eingegangen. So kommt es u. a. in den Hefestämmen vor, die in Schwedt für die mikrobielle Eiweißproduktion benutzt werden. Dort greift es wahrscheinlich in den Metabolismus der Kohlenwasserstoffe ein. Außerdem dürfte das Zytochrom-P-450-System für spezifische Umsetzungen in der Chemie geeignet sein, speziell in Form von Funktionalisierungsreaktoren für Wirkstoff-Umwandlungen (Abb. 12).

Damit glaube ich Sie in ein Gebiet eingeführt zu haben, das einerseits von praktischer Bedeutung ist, das jedoch zugleich von enormem theoretischem Interesse für die Molekularbiologie und die Biochemie ist.

Ich bedanke mich für Ihre Aufmerksamkeit.

Günter Albrecht

# Physikalische Grenzen der Miniaturisierung integrierter Schaltungen

## *1. Einleitung*

Am Beispiel ausgewählter, mikroelektronisch orientierter Arbeiten und Probleme möchte der Forschungsbereich Physik einen bescheidenen Dank für die stete und konstruktive, vorwärtsdrängende Förderung abstatten, die Herr KLARE als Präsident der Akademie der Wissenschaften der DDR den Arbeiten der Physiker hat angedeihen lassen.

Arbeiten dieses Charakters sind in besonderem Maße erforderlich, um zur Vervollkommnung der Produktivkräfte, der Steigerung der Arbeitsproduktivität und zur Intensivierung der volkswirtschaftlichen Produktion beizutragen. Sie sind eine Herausforderung an die Akademie und ihre Mitarbeiter. Dabei spielt die weitere Miniaturisierung integrierter Schaltungen eine große Rolle. Dies resultiert einerseits aus der objektiv notwendigen, zunehmenden Datenverarbeitungsgeschwindigkeit und der Bewältigung steigender Datenmengen, andererseits aus der sich abzeichnenden weiteren Kostensenkung pro Bauelementefunktion bei gleichzeitiger Erhöhung der Systemzuverlässigkeit. Daraus folgt die Forderung, die Miniaturisierung der mikroelektronischen Bauelemente nach Möglichkeit bis zu den physikalischen und technischen Grenzen voranzutreiben. Beispiele für diese Anforderungen, die im Zusammenhang mit Arbeiten im Forschungsbereich Bedeutung haben, sind:

- die schnelle Steuerung des Elektronenstrahls in Elektronenlithographieanlagen für die Wafer-Direktbelichtung;
- schnelle Fouriertransformationen für die Rauschanalyse und die Fourierspektroskopie und
- Beiträge zur Automatisierung von Bearbeitungsprozessen hoher Genauigkeit und Arbeitsgeschwindigkeit.

Inzwischen sind zahlreiche Ergebnisse von Arbeiten aus dem Forschungsbereich Physik für die Mikroelektronik gut bekannt. Einige davon seien hervorgehoben: So kann das Zentrum für wissenschaftlichen Gerätebau auf gute Resultate bei der Anlagenentwicklung und der Technologie bei der Zonenfloating-Kristallzucht von Si verweisen.

Das Institut für Physik der Werkstoffbearbeitung arbeitet energisch an der Si-Scheibenfertigungstechnologie und seiner Vereinfachung. Im Zentralinstitut für Kernforschung wurden wichtige Grundlagen zur Beherrschung der Ionenimplantation erarbeitet sowie die weltstandsbestimmende Vergütung von Si-Scheiben durch Neutronendotierung in sehr kurzer Frist gemeistert.

Das Zentralinstitut für Festkörperphysik und Werkstofforschung erarbeitete bedeutsame werkstoffwissenschaftliche Grundlagen für den Zyklus II und für hybride Bauelemente, von denen Ultrapräzisionswiderstände und elektroakustische Oberflächenwellen-Filter auf Keramikbasis hervorzuheben sind.

Das Institut für Festkörperphysik und Elektronenmikroskopie setzte sein elektronenmikroskopisches und oberflächenanalytisches Potential mit großem Erfolg ein, um prozeßinduzierte Baufehler sowie deren elektrische Aktivität in mikroelektronischen Schaltungen, z.B. durch Analyse der elektronenstrahlinduzierten Ströme aufzuspüren.

## 2. *Einige Ergebnisse bei der weiteren Miniaturisierung von Bauelementen*

Weniger bekannt ist indes, daß wir uns darauf vorbereiten, zunehmend feinere Strukturelemente zu beherrschen. Abbildung 1 zeigt eine 0,35 μm-Teststruktur von Cu auf Si, hergestellt in lift-off-Technik unter Verwendung

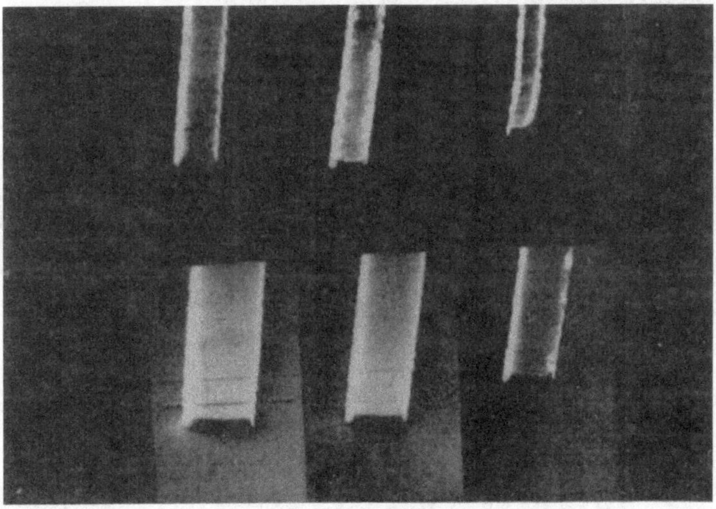

Abb. 1 Raster-Elektronenmikroskop-Aufnahme einer 0,35 μm-Teststruktur von Cu auf Si, hergestellt in lift-off-Technik. Die Bilder unterscheiden sich durch Änderungen der Elektronendosis bei Belichtung des Elektronenlackes um jeweils den Faktor 2. Davon hängt die tatsächlich erzielte Breite des Strukturelementes sowie dessen Kantenschärfe ab [1].

einer Elektronenstrahl-Belichtungsanlage ZRM 12 des VEB Carl Zeiss JENA bei unterschiedlicher Elektronen-Exposition des PMMA-Fotolacks. Aus dieser Aufnahme, die mit dem Ziel der Optimierung der Kantenschärfe durchgeführt wurde, ist zu erkennen, wie empfindlich die tatsächliche Breite der Teststruktur von der Elektronen-Exposition (in Schritten um jeweils den Faktor 2 variiert) abhängt. Diese Untersuchungen an der Grenze der lichtmikroskopischen Auflösung führten zu einer erzielbaren Kantenschärfe von 0,02 μm [1].

Abbildung 2 zeigt den Ausschnitt aus einem akustoelektrischen Bauelement für Grenzfrequenzen bis 1 GHz, das Seyfarth im Institut für Physik der Werkstoffbearbeitung gemeinsam mit sowjetischen Kollegen bearbeitet hat. Der Strukturabstand beträgt hier 0,6 μm; insgesamt werden über 700 Fingerpaare benötigt. Die Herstellung erfolgte nicht ganz analog zu Abbildung 1,

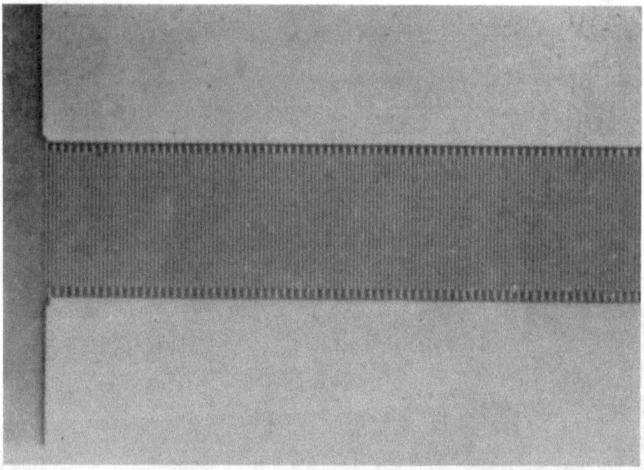

Abb. 2 Ausschnitt aus einem akustoelektrischen Bauelement. Der Abstand der Strukturelemente beträgt 0,6 μm. Die Herstellung erfolgte u.a. durch Ionenätzen [2].

sondern bereits unter Anwendung des Ionenstrahl-Ätzverfahrens anstelle der lift-off-Technik, also in einem Trockenprozeß [2].

Abbildung 3 zeigt die Tiefe einer durch Ionenimplantation hergestellten Struktur bei verschiedenen Ausheilparametern der durch die Ionen-Bestrahlung erzeugten Gitterfehler. Während die thermische Ausheilung zu erheblichen Verbreiterungen der implantierten Struktur führt, wird bei Ausheilung unter Verwendung von Laserlicht-Impulsen kurzer Dauer (50 ns; Rb-Laser) die ursprünglich implantierte Struktur (gestrichelte Kurve) in Abhängigkeit von der Dichte der Strahlungsleistung nur geringfügig verbreitert.

Man erkennt, daß bei etwa 1 Ws/cm² lediglich eine Verbreiterung um den Faktor 1,5 und bei 3,5 Ws/cm² eine Verbreiterung um den Faktor 2–2,5 resultiert [3].

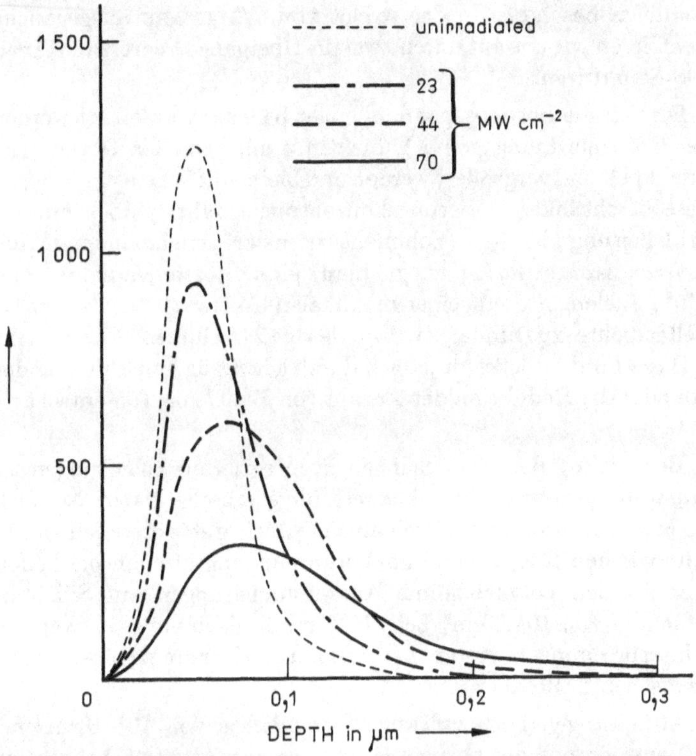


Abb. 3 Verbreiterung einer implantierten Struktur nach Ausheilung der ionenstrahlinduzierten Gitterfehler durch Laser-Bestrahlung. Parameter: Dichte der Strahlungsleistung [3].

### *3. Physikalische Grenzen der Mikrostrukturierung elektronischer Bauelemente*

Der rapide Fortschritt bei der Beherrschung der Strukturierungsprobleme im Submikrometerbereich, insbesondere durch Anwendung der Elektronenstrahllithographie, wirft die Frage nach den Minimaldimensionen aktiver Funktionselemente auf, die volkswirtschaftlich notwendig und physikalisch sinnvoll sind. Obwohl ökonomisch vorgegebene Grenzen niemals ignoriert werden dürfen, sollen sie im weiteren nicht im Mittelpunkt stehen, weil sie durch den jeweiligen Beherrschungsgrad der Technologie festgelegt werden und dieser wiederum abhängig von den realen Erfordernissen unseres Landes zu machen ist.

Über die physikalischen Grenzen bei der Mikrostrukturierung elektronischer Bauelemente sind in den letzten Jahren mehrere Arbeiten erschienen, deren Aussagen aufgrund mehr oder weniger optimistischer Voraussetzungen und Abschätzungen differieren. Im folgenden wird im wesentlichen von den vorsichtigeren Annahmen besonders in der Arbeit von Wallmark ausgegangen [4]. Dabei konzentrieren wir uns auf durch zwei pn-Übergänge begrenzte Kanalgebiete von MOS-Strukturen.

Weil im gate-Bereich die Betriebsspannung nicht beliebig verkleinert werden kann und in der Größenordnung von 1 V bleiben muß, kann die Dotierungskonzentration nicht beliebig vergrößert werden und bleibt auf Werte $< 10^{17}\,\mathrm{cm}^{-3}$ beschränkt. Diese beschränkte Dotierungskonzentration führt jedoch mit zunehmender Verkleinerung des gate-Volumens zu einer zunehmenden *Fluktuation der Dotierungskonzentration*. Legt man eine Störstellendichte von $10^{16}\,\mathrm{cm}^{-3}$ und $10^6$ Bauelemente mit einer maximalen Toleranz von 5% bezüglich der Störstellendichte zugrunde, so darf das gate-Volumen 1 $\mu\mathrm{m}^3$ nicht unterschreiten. Diese Forderung kann jedoch durch geringfügige Erhöhung der Störstellendichte oder die Reduktion der Anzahl von Bauelementen entschärft werden.

Eine weitere Begrenzung der Abmessungen in integrierten Schaltungen ist durch *Elektromigration* gegeben. Ihre genauere physikalische Natur ist noch wenig bekannt. Man kann sie sich anschaulich jedoch gut vorstellen durch Impulsaustausch zwischen Elektronen und Verunreinigungsatomen bei hohen Stromdichten. So werden polykristalline Aluminiumleitungen auf Siliziumoxid bei Stromdichten von $10^6\,\mathrm{A/cm^2}$ bei 175 °C schon nach etwa 30 Stunden unbrauchbar. Unterbrechungen treten bevorzugt an Korngrenzen sowie an Verbindungen zwischen 2 Metallen auf [5].

Die auf den Al-Leitungen noch zulässige Stromdichte von $10^4$–$10^5\,\mathrm{A/cm^2}$ muß nun durch Vergrößerung des aktiven Elementes noch weiter herabgesetzt werden, wenn hohe Grenzfrequenzen erreicht werden sollen. Dies folgt aus der Berechnung der aufzuladenden Sperrschichtkapazität eines pn-Übergangs in derjenigen Anstiegszeit, die der Grenzfrequenz entspricht. Damit bestimmt letztere wesentlich die Packungsdichte der Elemente.

Im Bereich kleiner Werte wird die Arbeitsspannung *durch die Wärmespannung*

$$U_{\min} = k_{\mathrm{B}}\, T/e \approx 0{,}025\ V \tag{1}$$

bei Zimmertemperatur begrenzt. $k_{\mathrm{B}}$ ist die Boltzmannkonstante, $T$ die absolute Temperatur und $e$ die Elementarladung.

Für eine sichere Funktionsfähigkeit muß die Arbeitsspannung diesen Wert um ein Vielfaches übersteigen. Wird dafür pro pn-Übergang etwa 1 V vorausgesetzt, so verlangt dies eine Durchbruchspannung von etwa 10 V, wodurch wiederum die Dotierungskonzentration im gate-Bereich auf Werte $<10^{17}$ cm$^{-3}$ limitiert wird. Eine direkte Begrenzung der minimalen Strukturdimensionen erfolgt hierdurch jedoch nicht.

Eine der ernsthaftesten Beschränkungen der minimalen Dimensionen resultiert aus der auftretenden *Wärmedissipation* infolge der Betriebsspannung $U_B$, die wir im Zusammenhang mit der Wärmespannung in der Größenordnung 1 V kennengelernt haben. Bei stationärem Betrieb ist die minimal umgesetzte Verlustleistung $P_{Min}$ durch Gleichung (2) gegeben:

$$P_{Min} = U_B{}^2/Z_0. \tag{2}$$

Dabei ist der Wellenwiderstand $Z_0$ in der Größenordnung von 100 $\Omega$. Nimmt das Bauelement die Fläche $F$ in der integrierten Struktur bei „dichter Packung" der Bauelemente ein, so liegt ein eindimensionales Wärmeleitungsproblem zur Rückseite des Substrates mit der Dicke $D$ vor. Läßt man eine Temperaturerhöhung $\Delta T = 10$ K zu, so ermöglicht die Wärmeleitzahl $\lambda_{Si} = 148$ W/mK die Ableitung der Verlustleistung in das Substrat gemäß Gl. (2) und (3):

$$P_{Min} = \lambda_{Si} \cdot F \cdot \Delta T/D \tag{3}$$

für $F = 1\ \mu m^2$.

Bei hochintegrierten Bausteinen mit $10^5$ Elementen besteht das technische Problem jedoch in der Ableitung von etwa 750 W/cm$^2$ von den Oberflächen des Substrates, was gegenwärtig selbst bei Ableitung in eine Kühlflüssigkeit nur in der Größenordnung von 20 W/cm$^2$ beherrscht wird. Dieses Problem bleibt auch bestehen, wenn die integrierte Struktur nicht auf einem Siliziumsubstrat, sondern epitaktisch auf Saphir mit etwa 100fach größerer Wärmeleitfähigkeit gegenüber Si erzeugt wird. Allerdings ist dabei zu erwarten, daß wegen der Vermeidbarkeit parasitärer Kopplungen die Verlustleistungen insgesamt bei Anwendung dieser SOS-Technologie reduziert werden können.

Die Zugriffszeit zu gespeicherten Informationen in hochintegrierten Bausteinen wird durch *endliche Ausbreitungsgeschwindigkeit* der Signale auf den Verbindungsleitungen begrenzt. Aus Gründen der gleichphasigen Ansteuerung legt man zugrunde, daß über dem Chipdurchmesser, der $d_{Min} \sqrt{N}$ proportional ist, größenordnungsmäßig ein Zehntel der minimal auftretenden Wellenlänge der Signale abfällt (Dabei ist $N$ die Anzahl der Bauelemente auf dem Chip.). Dies führt für $N = 10^5$ und eine obere Grenzfrequenz von $10^9$ Hz zu einer Dimension der Strukturelemente von etwa 1 $\mu$m.

Höhere Grenzfrequenzen und damit kürzere Zugriffszeiten sind also prinzipiell erreichbar, wenn $d_{Min}$ oder $N$ reduziert wird, vorausgesetzt, daß die vorher genannten Probleme lösbar sind. Aus den Darlegungen dieses Abschnittes geht hervor, daß in Abhängigkeit vom Anwendungszweck und unter Berücksichtigung der hier genannten begrenzenden und prinzipiellen Einflüsse MOS-Strukturelemente mit lateralen Lineardimensionen von etwa 0,5–1 $\mu$m realisierbar sind.

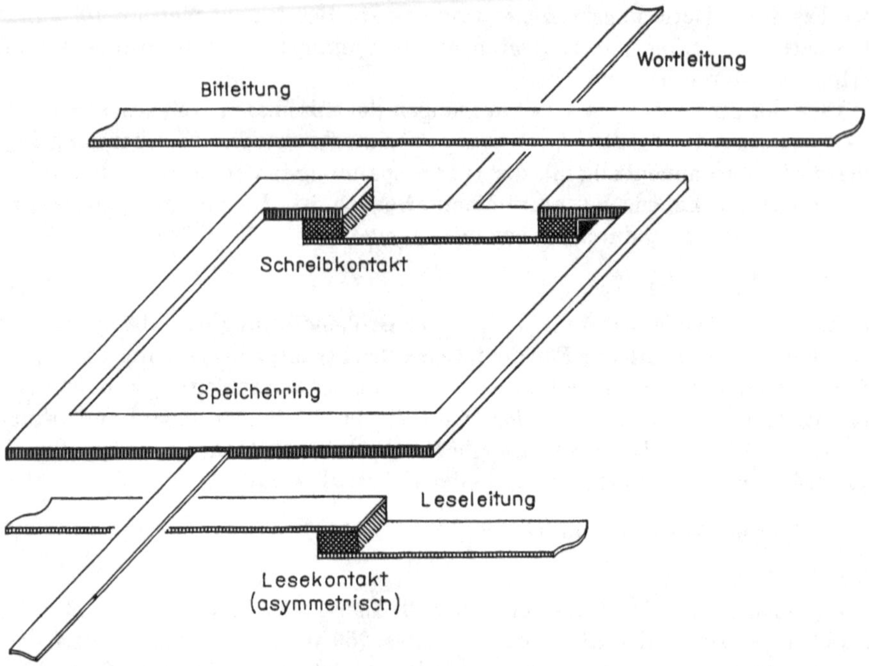


Abb. 4 Dreikontakt-Speicherzelle unter Ausnutzung des Josephson-Effektes (nach Anacker). Wirkungsweise: Siehe Text

### 4. *Mikrokryoelektronik: Supraleitende Schaltungen*

Aus den Darlegungen des Abschnittes 3 ging hervor, daß wesentliche, die Mikrostrukturierung von Halbleiter-Bauelementen begrenzende Einflüsse durch die Begrenzung der Dotierungskonzentration sowie durch die auftretende Wärmedissipation gegeben sind. Der Einfluß der Dotierungskonzentration kann vollständig vermieden werden, wenn die Funktionselemente mit Minimaldimensionen aus störstellenunempfindlichen Strukturen bestehen; der Einfluß der Wärmedissipation wird weitestgehend unterdrückt, wenn letztere nur beim Umschalten, z.B. eines Speicherelementes von einem in den anderen Zustand auftritt. Dieser Sachverhalt tritt bei aktiven Funktionselementen auf der Grundlage der Supraleitung und unter Ausnutzung des Josephson-Effektes auf. Das übersichtlichste Josephson-Kryotron ist die Dreikontakt-Speicherzelle nach Anacker [6] (Abb. 4). Die Information in dieser Zelle ist durch die Richtung des verlustlosen Suprastromes im Speicherring gegeben, der 2 Josephson-Tunnelkontakte als Schreibkontakte enthält. Durch die Stromrichtung in der Bitleitung sowie einen Impuls in der Wortleitung, deren Magnetfelder sich dem Magnetfeld des Stromes im Speicherring überlagern, kann einer der beiden

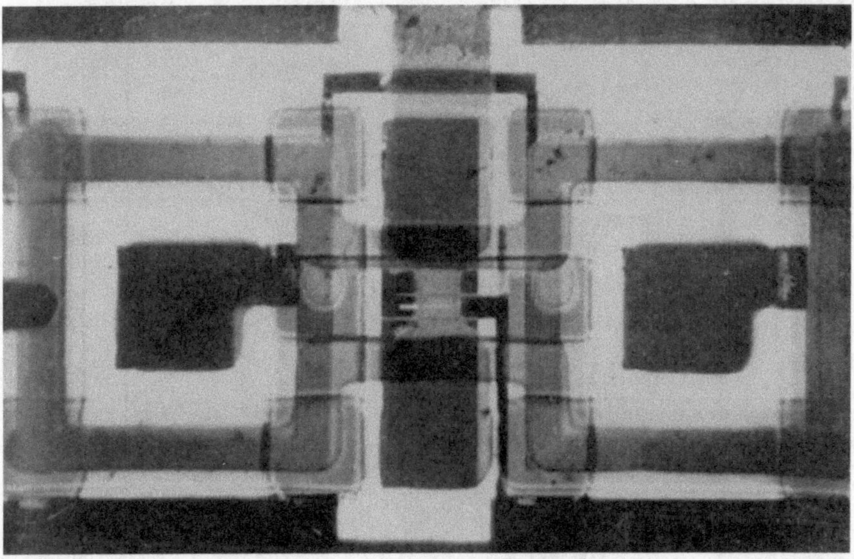

Abb. 5 SQUID-Struktur für Meßzwecke. Die quadratischen Teile rechts und links sind supraleitende Miniaturtransformatoren zur Optimierung der Signaleinkopplung. Der eigentliche SQUID-Ring liegt senkrecht zur Papierebene im mittleren, vertikalen Teil des Bildes. Die beiden Tunnelkontakte sind verdeckt [8].

Schreibkontakte überkritisch geschaltet und damit die Stromrichtung im Speicherring umgekehrt werden. Die Richtung des Stromes im Speicherring wird über den Lesekontakt ermittelt. Lediglich beim Umschalten eines der Josephsonkontakte in den normalleitenden Zustand tritt eine vernachlässigbare Wärmedissipation in der Größenordnung von $10^{-17}$ J auf. Auf dieser Grundlage ist inzwischen ein 16 kbit-RAM-Speicher mit einer Zugriffszeit von etwa 10 ns als Labormuster hergestellt worden, der damit 10mal schneller als der gegenwärtig schnellste Speicherbaustein auf Halbleiterbasis ist [7].

Weiterentwicklungen von Speicherzellen auf dieser Grundlage führten zu Anordnungen zur Speicherung einzelner magnetischer Flußquanten in SQUID-Ringen[1]. SQUIDs für extrem empfindliche Verfahren zur Messung magnetischer Felder mit einer Auflösung bis herab zu $10^{-14}$ T und unter Anwendung mikroelektronischer Aufbaukonzeptionen wurden im Kollektiv des Verfassers in den letzten Jahren entwickelt [8] (Abb. 5).

Die von Guéret [9] und Mitarbeitern für Speicherzwecke untersuchten SQUID-Anordnungen sind in Abbildung 6 oben dargestellt. Durch Betrieb der Anordnung mit gate-Strömen $I_g$ und Schreib/Lese-Strömen $I_c$ unterhalb

[1] Der magnetische Fluß in supraleitenden Ringen ist quantisiert; die Größe des magnetischen Flußquantes beträgt $2 \cdot 10^{-15}$ Vs.

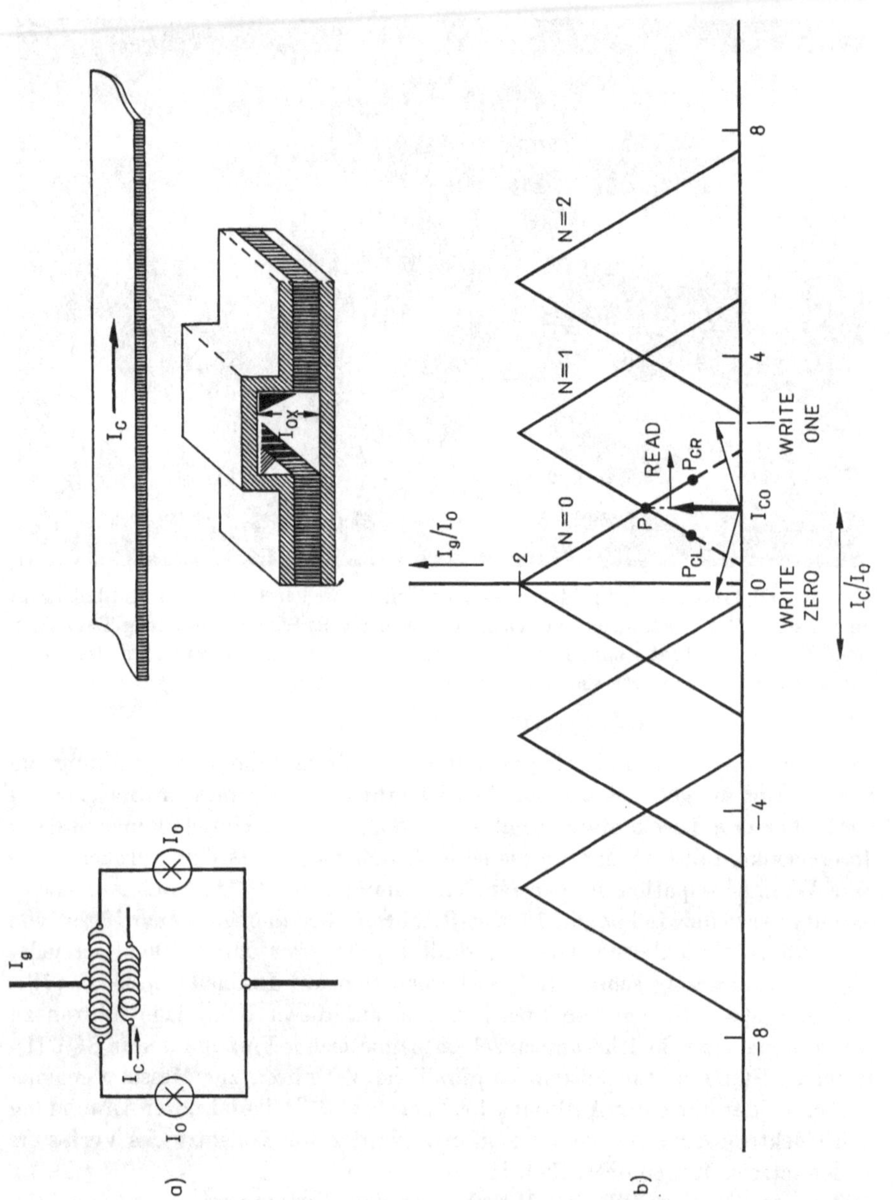


Abb. 6 Einzelflußquanten-Speicherzelle nach GUÉRET [9] (oben rechts) und Prinzipschaltung (oben links). Der SQUID-Ring wird durch eine Oxidschicht der Dicke $t_{ox}$ gebildet. Rechts und links davon Tunnelkontakte. Der Betrieb erfolgt stets im supraleitenden Zustand, gekennzeichnet durch die Flächen unter den sich überlappenden Dreiecken (unten und unterhalb P). Jedes Dreieck der Kennlinie entspricht einem Flußquant. Lese- und Schreibvorgang ist dem unteren Bild zu entnehmen.

des Punktes P der Abbildung 6 unten kann das Element in einem bistabilen Zustand gehalten werden. Variationen von $I_c$ in positiver oder negativer Richtung führen dazu, daß ein Flußquant aus dem Ring ein- oder austreten kann. Das Auslesen der Information erfolgt analog. Die Umschaltzeiten von einem zum anderen Zustand betragen nach bisherigen Messungen etwa 40 ps und sind damit die kürzesten überhaupt, die mit festkörperelektronischen Mitteln erreicht werden konnten.

Leider lassen sich auch diese mikrokryolektronischen Anordnungen nicht beliebig miniaturisieren. Dies resultiert aus dem außerordentlich niedrigen ohmschen Widerstand der Tunnelelemente im Falle ihrer Schaltung in den normalleitenden Zustand. Dieser Widerstand, den man gegenwärtig nur mit großer Mühe in die Größenordnung von 10–20 $\Omega$ heraufzüchten kann, erfordert dessen Anpassung an den Wellenwiderstand der Verbindungsleitungen. Dieser Wellenwiderstand ist neben der Breite des Wellenleiters abhängig von der Dicke der Oxidschicht, die ihn von einer supraleitenden Grundplatte isoliert. Aus technischen Gründen ist diese Oxidschichtdicke gegenwärtig nicht beliebig dünn zu machen, so daß Breiten der Wellenleiter von gegenwärtig etwa 3 $\mu$m eine technisch bedingte Grenze darstellen.

Natürlich ist auch die obere Grenzfrequenz ganz analog wie bei den integrierten Halbleiterbauelementen abhängig von der Ausbreitungsgeschwindigkeit der Signale über dem Chip.

Hier zeigt eine genauere Analyse, daß die obere Grenzfrequenz und damit die Zugriffszeit um nahezu eine Größenordnung besser sein kann als für integrierte Halbleiterbausteine unter sonst gleichen Bedingungen und Dimensionen, abgesehen vom Betrieb bei unterschiedlichen Temperaturen. Daraus geht jedoch hervor, daß die vielfach zum Vergleich herangezogene Güte der Speicherelemente, die proportional dem reziproken Produkt von Verlustleistung und Umschaltzeit ist und die für supraleitende Josephson-Schaltelemente einen $10^4$–$10^5$fach besseren Wert ergibt, nicht allein aussagefähig ist. Dies hat seine Ursache im Bezug der Güte auf ein Einzelelement, wodurch für den Fall hoher Integration die begrenzte Ausbreitungsgeschwindigkeit der Signale keine Berücksichtigung findet.

## 5. *Schlußbemerkungen*

Die Miniaturisierung mikroelektronischer Bauelemente ist kein Selbstzweck. Sie erfolgt aufgrund der erkennbaren wissenschaftlichen und technisch-ökonomischen Erfordernisse.

Je weiter man die Miniaturisierung treibt, um so mehr stößt man an fundamentale Grenzen. Sie zwingen zu Kompromissen in der Konzeption der integrierten Bausteine, die mit dem Anwendungszweck in Übereinstimmung gebracht werden müssen.

Auch neue Wirkprinzipien müssen gründlich daraufhin geprüft werden, inwieweit qualitativ neue Leistungsparameter erreichbar sind – dies wurde am

Beispiel mikrokryoelektronischer Bauelemente zu demonstrieren versucht –, und ob diese Bauelemente auf der Grundlage neuartiger Wirkprinzipien volkswirtschaftlich relevant sind.

Die Konzentration auf das Wesentlichste – stets Anliegen unseres verehrten Jubilars gewesen – gebietet die vorrangige Lösung der mikroelektronischen Probleme auf Siliciumbasis. Dabei ist noch sehr viel zu tun. Gleichzeitig müssen wir die Augen offen halten für Neues.

*Literatur*


[1] Pertsch, P., E.-B. Kley, persönliche Mitteilung.
[2] Seyfarth, H., persönliche Mitteilung.
[3] Götz, G., persönliche Mitteilung.
[4] Wallmark, J. T., Inst. Phys. Conf. **25**, 133 (1975).
[5] Ricker, T., Festkörperprobleme XVI, 217, 1976 E. d. J. Treusch, Vieweg-Verlag 1976.
[6] Anacker, W., IEE, Trans. mag. Mag-5 **5**, 968 (1969).
Anacker, W., "Josephson Junctions as Computer Elements", Solid State Devices 1976, ed. R. Mueller and E. Lange, Institute of Physics, London, 1977, pp. 39–54.
[7] Broom, R. F., P. Guéret, W. Kotyezka, A. Mohr, A. Dosenbrug, P. Wolf, 1978 IEE International Solid State Circuits Conference, P. 60 (1978).
[8] Dettmann, F., W. Richter, G. Albrecht, Abstract JA 16, Appl. Supercond. Conf. Pittsburgh 1978, p 70.
[9] Guéret, P., Th. O. Mohr, P. Wolf, IEEE Trans. MAG-13 **13**, 52 (1977).



Der Autor dankt seinen früheren Mitarbeitern Dr. P. Pertsch und Dr. E.-B. Kley für die Überlassung der Abb. 1 sowie Dr. H. Seyfarth und Prof. Dr. G. Götz für die Überlassung der Abb. 2 und 3 auf das herzlichste.

Heinz Stiller

# Aktuelle Probleme der Physik des Erdinnern

## 1. *Einleitung*

Die Grundproblematik der klassischen geophysikalischen Forschung besteht in der Lösung des sogenannten inversen Problems: Mit Hilfe der Seismologie (einschließlich der Untersuchung von Eigenschwingungen), Gravitationsuntersuchungen, des Geomagnetismus und der Geothermie gewinnt man Meßdaten an der Erdoberfläche, deren Interpretation gewisse Vorstellungen über den Ursprung dieser Phänomene im Erdinnern erfordert.

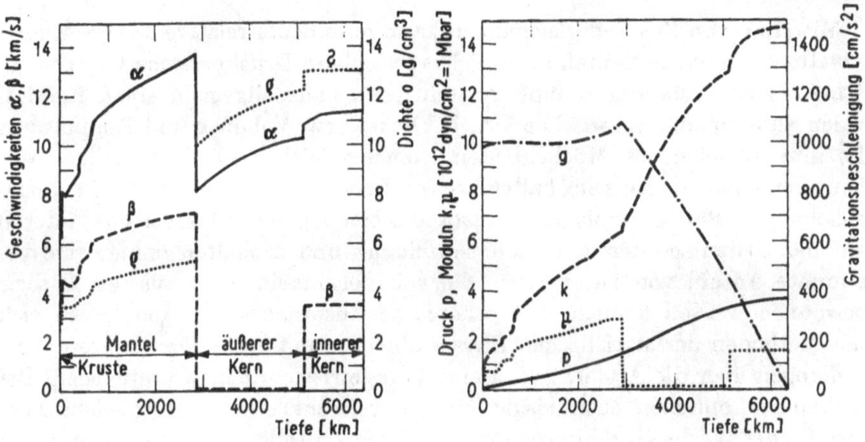


Abb. 1 Erdmodell aus neueren seismologischen Untersuchungen (nach G. Müller [1]). Symbole: P – Wellengeschwindigkeit $\alpha$, S – Wellengeschwindigkeit $\beta$, Dichte $\varrho$, Kompressionsmodul $k$, Schermodul $\mu$, Gravitationsbeschleunigung $g$, Druck $p$

Selbst wenn man gleichzeitig die Ergebnisse der verschiedenen Forschungsrichtungen heranzieht, ist es keinesfalls möglich, ein eindeutiges Bild über den Aufbau der Erde zu gewinnen. Die möglichen Tiefenverteilungen der physikalischen Parameter lassen sich jedoch stark einschränken. Auf Abbildung 1 zeigen wir ein modernes mechanisches Erdmodell, wie es von Müller [1] angegeben wurde.

Die theoretische und experimentelle Hochdruckforschung trägt wesentlich zur Erweiterung unserer Kenntnisse über den inneren Aufbau der Erde und der Planeten bei, da sie eine Beziehung zwischen mechanischen Modellen und strukturell-stofflichen Verteilungen ermöglicht.

Die experimentelle Untersuchung von geochemisch interessanten Materialien bei solchen Druck- und Temperaturbedingungen, wie sie im tiefen Erdmantel bzw. Erdkern herrschen, stößt zur Zeit noch auf große Schwierigkeiten.

Mit statischen Methoden lassen sich noch nicht genügend hohe Drücke erzeugen, besonders dann nicht, wenn gleichzeitig noch hohe Temperaturen von einigen Tausend Kelvin in der Probe herrschen sollen. Durch Schockwellen lassen sich mühelos Drücke im Megabarbereich erzeugen. Es gibt jedoch noch Schwierigkeiten bei der Interpretation der gewonnenen Meßdaten, da die hohen Drücke ja nur ganz kurze Zeit wirken und die Temperatur vollkommen unkontrolliert ist.

## 2. *Zustandsgleichungen*

Mit Hilfe von Zustandsgleichungen kann man heute relative sichere Extrapolationen in experimentell noch nicht erreichbare Druckbereiche vornehmen. Unter einer Zustandsgleichung versteht man ganz allgemein einen funktionalen Zusammenhang zwischen Druck, Dichte bzw. Volumen und Temperatur. Es gibt verschiedene Möglichkeiten, solche Gleichungen aufzustellen. Wir kennen phänomenologische, halbmikroskopische und mikroskopische Zustandsgleichungen. Phänomenologische Zustandsgleichungen beschreiben das Material auf der Grundlage der Kontinuumsmechanik und enthalten immer eine bestimmte Anzahl von Parametern, die von vornherein nicht aus der Theorie gewonnen werden können. Mikroskopische Zustandsgleichungen lassen sich mit Methoden der statistischen Physik ableiten und enthalten konkrete Vorstellungen über die Art der Wechselwirkung zwischen den Mikroteilchen. Bei halbmikroskopischen Zustandsgleichungen verwendet man verschiedene Formen für das Wechselwirkungspotential in Ionenkristallen, kovalent gebundenen Kristallen und Metallen.

Durch Zusammenarbeit zwischen Mitarbeitern des Zentralinstituts für Physik der Erde und des Instituts für Physik der Erde der Akademie der Wissenschaften der UdSSR konnte eine neue phänomenologische Zustandsgleichung abgeleitet werden, welche zur Beschreibung des Kompressionsverhaltens von mehr als 70 geo- und kosmochemisch wichtigen Substanzen verwendet wurde.

In Abbildung 2 ist das Kompressionsverhalten von Eisen entsprechend dieser neuen Gleichung von Ullmann und Pan'kov [2] dargestellt. Man erkennt eine gute Übereinstimmung mit Werten, die aus Schockwellenuntersuchungen gefunden wurden, bis zu sehr hohen Kompressionen von $x = \frac{V}{V_0} \approx 0{,}5$. $V_0$ ist das Volumen der Probe ohne äußeren Druck.

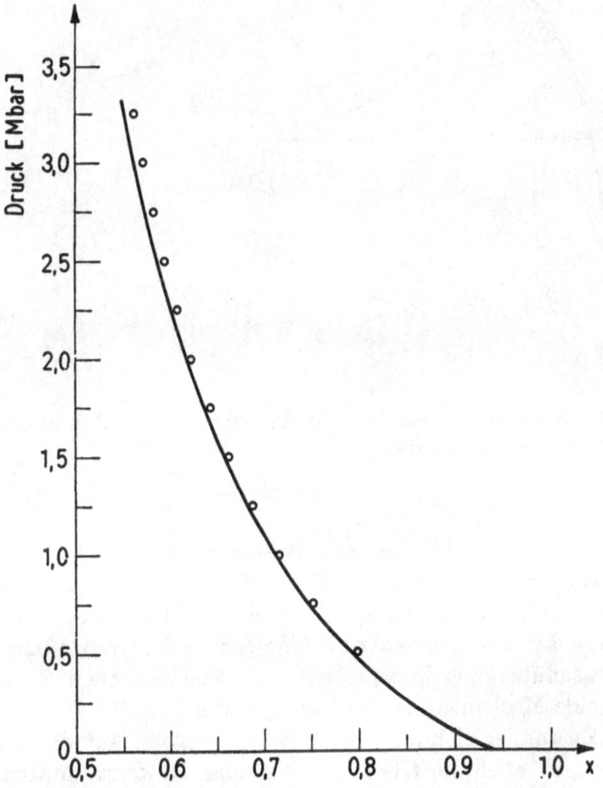


Abb. 2 ULLMANN/PAN'KOV-Gleichung für Eisen. Die Kreise bezeichnen Werte aus Schockwellenexperimenten. $x = \frac{V}{V_0}$ ist die Kompression gegenüber dem Volumen bei Nulldruck $V_0$

Ein Nachteil der ULLMANN-PAN'KOV-Gleichung besteht darin, daß sie nur für Einphasensysteme gilt. Erste Untersuchungen zum Verlauf der Zustandsgleichung an druckinduzierten Phasenübergängen wurden von FRANCK und STILLER [3] durchgeführt. Dabei konnte gezeigt werden, daß in diesem Bereich die Mie-Grüneisen-Gleichung eine ähnliche Form wie die bekannte Zustandsgleichung von VAN DER WAALS hat (siehe Abb. 3).

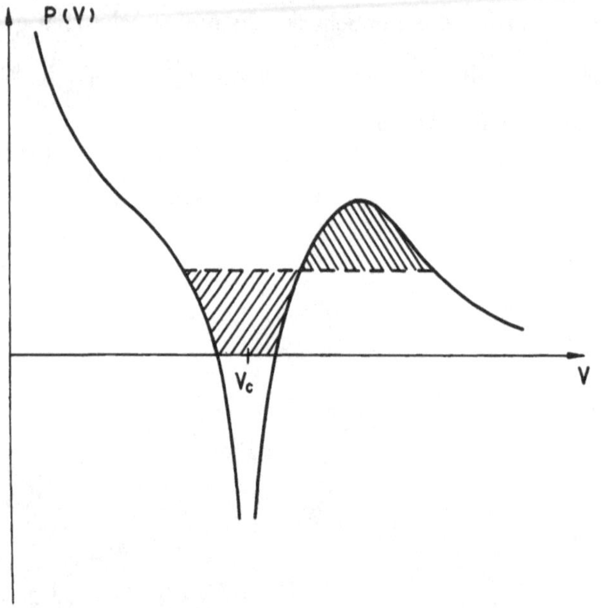


Abb. 3 MIE-GRÜNEISEN-Gleichung am Phasenübergang: Die schraffierten Flächen entsprechen der sogenannten MAXWELL-Konstruktion

### 3. *Phasenübergänge*

Die Phasenübergänge gehören zu den interessantesten physikalischen Phänomenen, die zur Erklärung geophysikalischer Beobachtungen herangezogen werden. Jede diskontinuierliche Änderung in der Tiefenfunktion eines geophysikalischen Parameters läßt sich entweder als eine chemische Grenze oder als ein isochemischer Phasenübergang interpretieren. Es scheinen auch Fälle zu existieren, in denen beide Mechanismen gleichzeitig wirken.

Neben dem Problem Zustandsgleichung und Phasenübergang, auf das ja bereits eingegangen wurde, ist auch die Klärung seismischer Diskontinuitäten an Phasenübergängen sehr wichtig. In Abbildung 1 sind bereits mehrere solcher diskontinuierlichen Änderungen der beiden seismischen Geschwindigkeiten $\alpha$ und $\beta$ zu erkennen.

STILLER und FRANCK [4] untersuchten dieses Problem, indem sie berechneten, wie sich die seismischen Geschwindigkeiten in einem System ändern, wenn in diesem ein Phasenübergang stattfindet. Zur Beschreibung des Phasenübergangs wurde die Theorie von LANDAU verwendet. Es zeigt sich, daß prinzipiell drei verschiedene Arten von Diskontinuitäten zu erwarten sind (siehe Abb. 4). Mit Hilfe dieser Ergebnisse lassen sich sowohl verschiedene seismische Diskontinuitäten als auch bestimmte Ergebnisse von elastischen Untersuchungen im Labor unter einem einheitlichen Gesichtspunkt interpretieren.

Die größte seismische Diskontinuität ist die zwischen Erdmantel und Erdkern (siehe Abb. 1). Von vielen bedeutenden Geophysikern (zum Beispiel Birch [5] und Ringwood [6]) wird diese Grenze als eine chemische Grenze zwischen dichtgepackten Silikaten im unteren Mantel und Eisen-Nickel-Verbindungen im flüssigen äußeren Erdkern angesehen. Es gibt jedoch auch noch eine andere Hypothese: Lodochnikov [7] und Ramsey [8] betrachten diese Grenze als einen Phasenübergang der Magnesium-Eisen-Silikate in eine Hochdruckphase mit metallischer Leitfähigkeit.

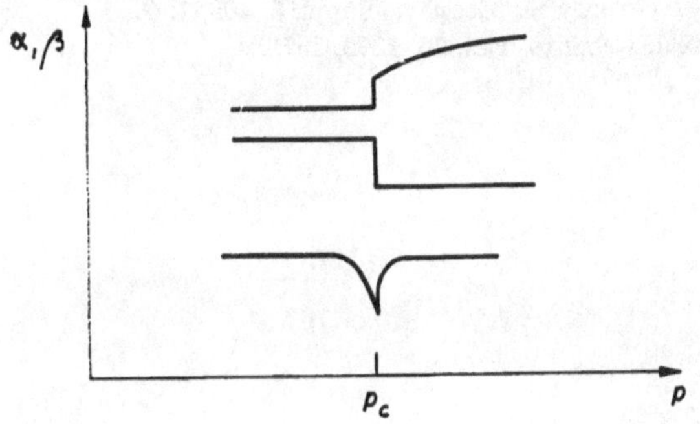


Abb. 4 Verschiedene mögliche seismische Diskontinuitäten an einem druckinduzierten Phasenübergang. $P_c$ ist der Druck, bei dem der Phasenübergang stattfindet

Neueste experimentelle Ergebnisse sowjetischer Wissenschaftler scheinen die Möglichkeit eines solchen Phasenübergangs der Silikate zu bestätigen, obwohl damit natürlich noch keinesfalls bewiesen ist, daß diese Erscheinung auch für das Erdinnere relevant ist.

Ein weiteres Problem ist der Temperaturverlauf im Erdkern. Zur Erklärung hydromagnetischer Bewegung (Dynamowirkung) und des Verschwindens seismischer Scherwellen ist es notwendig, daß im äußeren Erdkern die wirkliche Temperatur oberhalb der Schmelztemperatur liegt. Bis jetzt ist es aber noch nicht möglich, die Schmelztemperatur geophysikalisch relevanter Substanzen bei sehr hohen Drücken genau zu berechnen. Das ist auch eine mögliche Ursache des sogenannten „Kernparadoxons“ [9], welches besagt, daß einerseits einige adiabatische Temperaturverteilungen unterhalb der Schmelzkurve liegen und somit der gesamte Erdkern fest wäre. Andererseits könnte ein subadiabatischer Erdkern flüssig sein, aber dann ließe sich keine thermisch angetriebene Konvektion erzeugen.

Wir glauben, daß die bis jetzt vorhandenen Ergebnisse noch zu ungenau sind, um wirklich von einem Paradoxon zu sprechen. Auch in diesem Fall dürften präzise Hochdruckuntersuchungen den Schlüssel zur Klärung dieses Widerspruchs liefern.

## Literatur

[1] G. Müller, Physikalische Blätter, 31. Jahrgang, Heft 6/7, 246, 1975.
[2] W. Ullmann, V. L. Pan'kov, A new structure of the equation of state and its application in high-pressure physics and geophysics, Veröffentlichungen des Zentralinstituts für Physik der Erde, Nr. 41, Potsdam, 1976.
[3] S. Franck, H. Stiller, Phys. Earth Planet. Inter., **22**, 189, 1980.
[4] H. Stiller, S. Franck, Phys. Earth Planet. Inter., **22**, 216, 1980.
[5] F. Birch, J. Geophys. Res. **69**, 4377, 1964.
[6] A. E. Ringwood, Geochim. Cosmochim. Acta **30**, 41, 1966.
[7] V. N. Lodochnikov, Zap. Mineral. O-va **64**, 207, 1939.
[8] W. H. Ramsey, Mon. Not. Roy. Astron. Soc., Geophys. Suppl. **5**, 409, 1949.
[9] G. H. Higgins, G. C. Kennedy, J. Geophys. Res. **76**, 1870, 1971.

Manfred Peschel, K. Heinze, Ch. Ljubo

# Anwendung der Polyoptimierung auf textiltechnische Probleme

## 1. *Einleitung*

Die Polyoptimierung ist eine Teildisziplin von Mathematik/Kybernetik, die Entscheidungshilfsmittel in Situationen mit mehreren Gütekriterien bereitstellt. Sie vermittelt dem Entscheidungsträger einen Einblick in die widersprüchliche Situation zwischen den Gütekriterien und kann unter Berücksichtigung sachlogischer Informationen Vorschläge für eine rationelle Kompromißbildung machen.

Grundlage der Polyoptimierung ist der Variantenvergleich nach der Pareto-Optimalität. Danach ist bei $k$ Gütekriterien $Q = (Q_1, Q_2, \dots Q_k)$ und der Forderung nach Maximierung aller Kriterien eine Variante $Q'$ besser als eine Variante $Q$, wenn gilt

$$Q'_i > Q_i \text{ und für wenigstens ein } i_0 : Q'_{i_0} > Q_{i_0}$$

In der vorliegenden Arbeit sollen die Methoden der Polyoptimierung auf den Entwurf textiler Flächengebilde sowie auf die Garnherstellung angewandt werden.

## 2. *Entwurf textiler Flächengebilde in der MALIMO-Technik*

Von einer Expertengruppe wurden folgende Zielgrößen (Gütekriterien) festgelegt, bewertet und gruppiert.

$Q^1$ (Besonders wichtige textilphysikalische und textilchemische Merkmale) wie Gesamtdehnung längs, quer; Pillresistenz, Aufrauresistenz

$Q^2$ (Wichtige textilphysikalische und textilchemische Merkmale) wie Abrieb; Schmutzrückhaltevermögen; Wasserdampfadsorption; Zusammendrückbarkeit

$Q^3$ (Weniger wichtige textilphysikalische und textilchemische Merkmale) wie Reibechtheit trocken/naß; Dicke; Masse pro Flächeneinheit

$Q^4$ (Ökonomische Merkmale)
Grundlöhne; Lohnnebenkosten; Bearbeitungskosten; Materialkosten (Faser, Faden, textiles Flächengebilde, Veredelung)

Der Variantenvergleich nach der Pareto-Optimalität erfolgt geometrisch anschaulich mit der Methode der „Erfolgsspinne" entsprechend Abbildung 1.

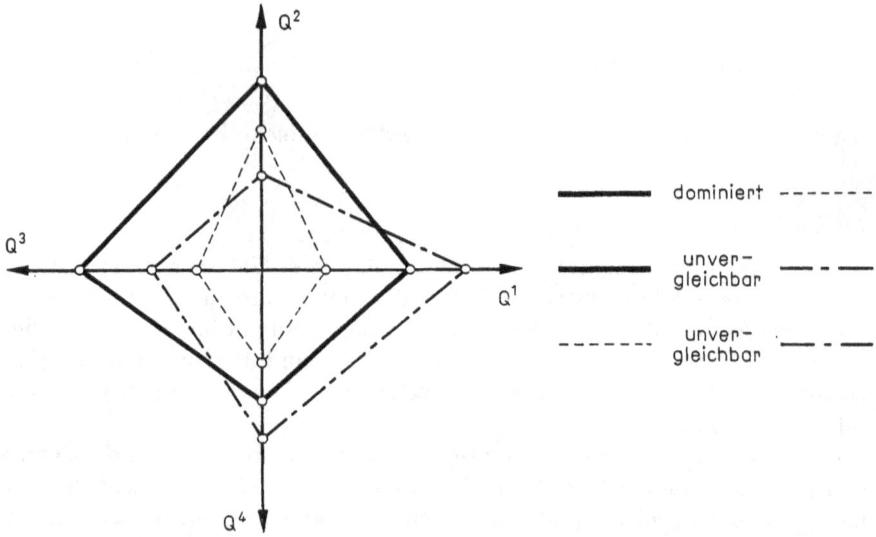


Abb. 1 Variantenvergleich mit der „Erfolgsspinne"

Beim Entwurf textiler Flächengebilde wird der Faden als gegeben vorausgesetzt.

Steuergrößen sind folgende Konstruktionsmerkmale, die in gewissen Grenzen an der MALIMO-Webmaschine eingestellt werden können

$a_1$ - Maschenstäbchenzahl (MS/10 cm)
$a_2$ - Maschenreihenzahl (MR/10 cm)
$a_3$ - Schußfadenzahl (S/10 cm)

Um den Aufwand niedrig zu halten und maximale Informationen über den Zusammenhang zwischen den Steuergrößen und den Zielgrößen zu erhalten, wird ein $2^n$-Faktorplan mit Sternpunkten und einen Zentralpunkt angewandt. Dabei wurden die Steuergrößen wie folgt normiert

$$a_i = \begin{cases} +1 & \text{größter Wert} \\ 0 & \text{mittlerer Wert} \\ -1 & \text{kleinster Wert} \end{cases}$$

Das Ergebnis sind endlich viele Varianten der Belegung von Steuergrößen mit zugehörigen Belegungen aller Zielgrößen.

Der Versuchsplan wird angewandt auf eine Probeproduktion unter Laborbedingungen, die ökonomischen Merkmale werden aus realen Betriebsbedingungen ermittelt bzw. geschätzt.

Zweierkompromisse

| | | | | | | | | |
|---|---|---|---|---|---|---|---|---|
| $Q^1$ | $Q^2$ | | | 17 | ⑱ | 19 | 20 | ② |
| $Q^1$ | | $Q^3$ | | 17 | ⑱ | 19 | 20 | ② |
| | $Q^2$ | $Q^3$ | | 17 | 18 | 19 | 20 | ② |
| | $Q^2$ | | $Q^4$ | ⑰ | 18 | ⑲ | 20 | ② |
| $Q^1$ | | | $Q^4$ | ⑰ | 18 | 19 | 20 | 2 |
| | | $Q^3$ | $Q^4$ | ⑰ | 18 | ⑲ | 20 | ② |

Relativ effizient: 5 × ②, 3 × ⑰, 2 × ⑲, 2 × ⑱

Dreierkompromisse

| | | | | | | | | |
|---|---|---|---|---|---|---|---|---|
| $Q^1$ | $Q^2$ | $Q^3$ | | 17 | ⑱ | 19 | 20 | ② |
| $Q^1$ | $Q^2$ | | $Q^4$ | ⑰ | ⑱ | ⑲ | 20 | ② |
| $Q^1$ | | $Q^3$ | $Q^4$ | ⑰ | ⑱ | ⑲ | 20 | ② |
| | $Q^2$ | $Q^3$ | $Q^4$ | ⑰ | 18 | ⑲ | 20 | ② |

Relativ effizient: 4 × ②, 3 × ⑰, 3 × ⑱, 3 × ⑲

Vorzugsvariantenreihenfolge

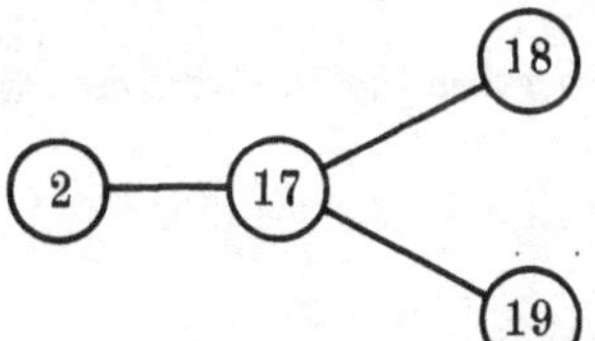


Gefällte Expertenentscheidung: Variante ⑰, 6 Feinheit führt zu 20 % Materialeinsparung.

Die Auswertung der Resultate erfolgt in folgenden Schritten: Die erhaltenen Varianten werden auf alle möglichen Arten nach je 2 (Zweierkompromisse) und nach je 3 (Dreierkompromisse) verglichen und bei jedem Vergleich werden nach der Erfolgsspinne die relativ besten Varianten ausgewählt.

Es wird festgestellt, welche der Varianten wie oft bei diesen Vergleichen unter den Vorzugsvarianten sich befindet. Die am häufigsten als Vorzugsvarianten beobachteten Varianten werden einem Expertengremium vorgelegt und erläutert.

Dieses Gremium trifft dann gegebenenfalls unter Beachtung von Kontextinformationen die letztendliche Entscheidung.

Zur zusätzlichen Absicherung werden in der Nachbarschaft der Vorzugsvarianten mit Hilfe der Versuchsergebnisse quadratische Regressionsmodelle errechnet

$$Q^i = \Sigma d^i_j a_j + \Sigma d^i_{rs} a_r a_s + d^i_0$$

und rechnerisch einer Polyoptimierung unterworfen, um eventuell außerhalb des angewandten Versuchsplans liegende noch bessere Lösungen zu entdecken.

Die Analyse führte zu folgendem Gesamtergebnis (die eingetragenen Zahlen sind Varianten, die als Vorzugsvarianten auftraten, die eingekreisten Zahlen gehören zu den Vorzugsvarianten beim jeweiligen Vergleich). (S. 69 unten).

## 3. *Anwendung der Polyoptimierung auf die Garnherstellung*

Folgende Gütekriteriengruppen wurden durch Expertengremium vereinbart

$Q^1$ (sehr wichtig): Fadenbruchhäufigkeit, Reißkraft, Schererbeständigkeit, Ungleichmäßigkeit

$Q^2$ (wichtig): Reißdehnung, Feinheitsabweichung, Aufrauhung Fadendurchmesser

$Q^3$ (weniger wichtig): Wasserrückhaltung, Elastdehnung, Fadenverbreiterung, Kochschrumpfung

$Q^4$ – Ökonomische Kriterien wie unter 1.

Folgende Steuergrößen sind bei der Garnherstellung in Grenzen wählbar:

$a_1$ – Garndrehungen pro m
$a_2$ – Zwirndrehungen pro m
$a_3$ – Spindeldrehungen pro min

Es wurde wieder ein Versuchsplan aufgestellt, der 15 Varianten umfaßte und zur Auswertung die gleiche Methodik wie bei 1 angewandt. Dabei ergab sich folgende Reihenfolge der Vorzugsvarianten

Inhaltlich sind diese Varianten wie folgt gegeben im Vergleich zu der Variante, nach der gegenwärtig produziert wird

| | $a_1$ | $a_2$ | $a_3$ |
|---|---|---|---|
| produz. | 630 | 500 | 7100 |
| 14 | 565 | 420 | 8000 |
| 1 | 500 | 320 | 6250 |
| 11 | 565 | 270 | 7000 |

Man erkennt, daß alle Vorzugsvarianten gegenüber der Variante in Produktion zu Einsparungen an Material führen.

*4. Vlies-Faden-Nähgewirke-MALIWATT*

Diese Untersuchung ist noch nicht abgeschlossen.

Insbesondere sind geeignete faserbedingte, nähfadenbedingte, vliesbedingte und konstruktionsbedingte Steuergrößen noch zu vereinbaren.

Die Gütekriterien wurden von einem Expertengremium ausgewählt, bewertet und gruppiert mit folgendem vorläufigen Ergebnis:

$Q^1$ (sehr wichtig): Pillresistenz, Maßänderung, Reißfestigkeit (trocken)
$Q^2$ (wichtig): Entknitterungsvermögen, Restdehnung, Berstfestigkeit, Reißdehnung, Wasserdampfaufnahme, Elastizität, Wasserdampfdurchlässigkeit
$Q^3$ (weniger wichtig): Scheuerbeständigkeit, Reißfestigkeit naß, Waschechtheit, Reibechtheit, Saugfähigkeit, Luftdurchlässigkeit, Biegesteifigkeit
$Q^4$ (Ökonomische Kriterien wie unter 1).

## Literatur

HEINZE, K., Entwurf textiler Flächengebilde mit der Polyoptimierung und Arbeitsblattsammlung. Diss. A; TH Karl-Marx-Stadt, Fakultät für Maschineningenieurwesen 1979.

PESCHEL, M., C. RIEDEL, Polyoptimierung- eine Entscheidungshilfe für ingenieurtechnische Kompromißlösungen. VEB Verlag Technik Berlin 1976.

PESCHEL, M., Ingenieurtechnische Entscheidungen mit der Polyoptimierung. VEB Verlag Technik Berlin 1980.

Werner Kalweit

# Zur ökonomischen Bewertung von Forschungsleistungen

Bei der Vorbereitung dieses Kolloquiums soll die Frage aufgetreten sein, ob ein Gesellschaftswissenschaftler am Anfang oder am Ende der Rednerliste zu Ehren des 70. Geburtstages unseres Präsidenten besser plaziert wäre. Darin widerspiegelt sich ein an unserer Akademie durchaus noch nicht überwundenes alternatives Denken, das eingeschnürt ist in die falsche Vorstellung vom Vorrang dieser oder jener Wissensdisziplin.

Es gehört sicher zu den hervorragenden Verdiensten unseres Präsidenten, daß er hier eine Bresche geschlagen hat und den Weg bahnte für das fruchtbare Zusammenwirken von Natur- und Gesellschaftswissenschaftlern, um die komplexe Lösung von Entwicklungsproblemen der sozialistischen Gesellschaft in der DDR durch den breiten Fortschritt wissenschaftlicher Erkenntnis zu ermöglichen. Im folgenden möchte ich ein solches Problem der gesellschaftswissenschaftlichen Forschung aufgreifen.

Im „Spektrum" schrieb er: „Aus Erfahrung wissen wir, daß es die Grenzgebiete verschiedener Wissenschaftsgebiete sind, die Möglichkeiten für Forschungsergebnisse von theoretisch-fundamentalem Charakter und hohem gesellschaftlichen Nutzen bieten. Es wird sich dabei meist um komplexe Probleme handeln, die das Zusammenwirken von Wissenschaftlern unterschiedlicher Fachgebiete, auch zwischen Natur- und Gesellschaftswissenschaften verlangen."[1]

Unser verehrter Jubilar hat den Einfluß und die Würde seines Amtes als Präsident der Akademie benutzt, ein Leitmotiv ihres Gründers LEIBNIZ zum allgemeinen Grundsatz der akademischen Arbeit zu erheben: „gleich anfangs das Werk samt der Wissenschaft auf den Nutzen (zu) richten", also „theoriam cum praxi zu vereinigen".

Die Wissenschaft auf den Nutzen zu richten, ist sicher ein wissenschaftspolitisches Axiom von überragender Wichtigkeit für die Verwirklichung der strategischen Ziele, die vom VIII. und IX. Parteitag zur weiteren Gestaltung der sozialistischen Gesellschaft in der DDR beschlossen wurden, was erst

[1] Spektrum 1/1977, S. 7 u. 8.

kürzlich von der 10. Tagung des Zentralkomitees der SED erneut unterstrichen wurde. Aber so selbstverständlich wie das Nutzungsaxiom an sich scheint, ist seine Verwirklichung nicht. Den Nutzen des wissenschaftlich-technischen Fortschritts zu sichern, erzeugt selbst einen hohen Anspruch an die Wissenschaft. Was nützlich ist, kann nur im Zusammenhang mit der Entwicklung der Produktion und der Bedürfnisse beantwortet werden, wobei neue Möglichkeiten zu ihrer Befriedigung auch neue Bedürfnisse erzeugen. Die Bedürfnisentwicklung ist im Sozialismus limitierenden Bedingungen unterworfen.

Infolge der begrenzten Ressourcen, natürlichen wie industriellen, und des heute realen Standes der gesellschaftlichen Arbeitsproduktivität treten die Bedürfnisse als gesellschaftlicher Bedarf in der Form der durch den Plan gerechtfertigten bzw. zahlungsfähigen Nachfrage auf. Nützlich wird der wissenschaftlich-technische Fortschritt langfristig im Strukturwandel der Volkswirtschaft, in ihren Produktionsanlagen und ihrer Ausrüstung ebenso wie in einer effektiveren Materialwirtschaft und unmittelbarer Einsparung an Arbeit.

Natürlich muß es unser Bestreben sein, all diese möglichen Effekte auszunutzen. Aber dennoch kann nicht alles zugleich gemacht werden. Die Ökonomie zwingt zu Alternativen der Ziele und Schritte. Die meisten Entscheidungen für eine Variante schließen die Ablehnung anderer ein. Auch wenn mehrerlei zugleich in Angriff genommen wird, muß die Gewichtung bestimmt werden, um das für die Gesellschaft Nützlichste vor dem Nützlichen zu tun. So entsteht eine Rangigkeit der gesellschaftlichen Nützlichkeit. Die eigentliche Schwierigkeit besteht darin, daß in der arbeitsteilig hochentwickelten Volkswirtschaft des Sozialismus die ökonomischen und sozialen Effekte aus lang- und mittelfristigen Strukturveränderungen, aus der Dynamik von einmaligem und laufendem Aufwand sowie aus dem wissenschaftlich-technischen Fortschritt im gesamtgesellschaftlichen Maßstab und auf zweiglicher und lokaler Ebene sich zueinander sehr unterschiedlich verhalten und schwer durchschaubar sind.

Heute können wir noch nicht sagen, daß diese Prozesse seitens der Gesellschaftswissenschaft voll beherrscht werden. Dazu ist wohl die Gesellschaftswissenschaft in ihrer produktiv gestaltenden Funktion wie auch ihr Gegenstand selbst noch zu jung.

Heute ist noch nicht abzusehen, ob und wann der ökonomische Effekt von Forschungen in meßbaren Kategorien exakt bestimmt werden kann. Noch fehlen die wissenschaftlichen Voraussetzungen zu einer objektiven, umfassenden und eindeutigen Beurteilung des Nutzens der Forschung. Umsomehr muß zur Vorsicht geraten werden, wenn in dem Bemühen eines Nutzensnachweises einseitige Zusammenhänge berechnet werden und aus solcherart grob vereinfachten Modellen auf den wirklich zu erwartenden gesellschaftlichen Nutzen geschlußfolgert wird.

Selbstverständlich ist die Nutzensproblematik auf den verschiedenen Ebenen forschender Tätigkeit zu unterscheiden. In der reinen Grundlagenforschung, die allgemein auf Erkenntniszuwachs gerichtet ist, erweist sich die Forschung als nützlich, wenn sie zur Erweiterung des Wissens im Weltmaßstab beiträgt bzw. als Ergänzung dazu den Weltstand der Wissenschaft für die konkrete nationale sozialistische Gesellschaft zugänglich macht. Der Nutzen von Beiträgen zu angestrebten, geplanten Spitzenleistungen der Industrie ist untrennbar an das Erreichen und die Realisierung dieser Spitzenleistungen gebunden. Zwar lassen sich manche Aspekte des Nutzens der Forschungen für Spitzenleistungen vorkalkulieren, sie bleiben aber fiktiv, solange das Projekt nicht verwirklicht ist und schlagen sogar in das Gegenteil von Nutzen um, wenn das tragende Objekt, wie man so sagt, auf der Strecke bleibt.

Der Nutzen ist eine Kategorie des Gebrauchswertes von Ideen, Theorien, Technologien und Erzeugnissen. Ohne Bindung an deren Gebrauch verliert der Begriff der Nützlichkeit seinen Sinn. Dessen muß man sich bei allen „Hätte"-Berechnungen des Nutzens von Forschungsleistungen im Vorfeld der ökonomischen Realität bewußt sein. Für die Orientierung und Bewertung von Forschungsrichtungen und -kollektiven können sie hilfreich sein, aber eben nur im Vorfeld. Letztendlich zählt auch in der Forschung nur der ökonomisch und gesellschaftlich realisierte Nutzen.

Eine spezielle Problematik bildet dabei die Beurteilung des Nutzeffektes der wissenschaftlichen Forschung. Manche Techniker huldigen der These: Wir machen alles, was darf es kosten. Abgesehen von der Fragwürdigkeit des ersten Teiles der Aussage, trifft die Frage einen wichtigen Kern. Jeder Fortschritt an Nützlichkeit erfordert gesellschaftlichen Aufwand. Der Nutzeffekt der Forschung setzt den erreichten Nutzen mit dem dafür eingesetzten Aufwand ins Verhältnis. Vom Standpunkt des Wirkungsgrades der gesellschaftlichen Gesamtarbeit bei zunehmendem Gewicht des wissenschaftlich-technischen Fortschritts gewinnt die Erhöhung des Nutzeffektes der Forschung immer mehr an Bedeutung.

Im Forschungsbereich Gesellschaftswissenschaften wird gemeinsam mit Naturwissenschaftlern daran gearbeitet, die Kriterien der Nutzensbeurteilung von Forschungsleistungen zu objektivieren.

Als Beispiel möchte ich eine Studie aus dem Zentralinstitut für Wirtschaftswissenschaften der Akademie der Wissenschaften zur Aufwand-Nutzen-Analyse material-ökonomischer Substitutionsprozesse erwähnen. Diese Forschung ist darauf gerichtet, die *qualitativen Kriterien* für die Bewertung durch den wissenschaftlich-technischen Fortschritt ausgelöster Substitutionsprozesse zu systematisieren und *zu quantifizieren.* Einseitige Effektivitätsberechnungen bei der Einführung neuer Technologien und Erzeugnisse führen leicht zu volkswirtschaftlichen Fehlentscheidungen. Je gravierender der einzelen technische Fortschritt ist, desto gründlicher muß die Beurteilung seiner Effektivität unter Berücksichtigung der Folgewirkungen auf die Gesamtstruktur der Produktion, auf die Arbeitsbedingungen, auf die Lebensweise, die Bedürfnisentwicklung, Umwelt usw. bedacht werden.

Eine solche komplexe Betrachtung wirft in der Praxis wie in der Theorie immer wieder die Frage nach den geeigneten Kennziffern sowie den dazu erforderlichen Meßstellen und Meßdaten auf.

Der gegenwärtige internationale Stand der Forschung auf diesem Gebiet ist durch eine Vielzahl von Vorschlägen für die Erfassung und Berechnung der Effektivität gekennzeichnet.

Darunter befinden sich zahlreiche Arbeiten zur Ermittlung synthetischer Effektivitätskennziffern, oft von dem Bestreben getragen, ein Modell mit einem einzigen hochaggregierten Kriterium der Effektivität zu schaffen, das alle wesentlichen Seiten der sozial-ökonomischen Wirksamkeit des wissenschaftlich-technischen Fortschritts erfaßt.

Kritisch haben wir festzustellen, daß bisher keiner dieser Versuche das Problem lösen konnte. Dafür sind m. E. zwei Ursachen ausschlaggebend:

*Erstens* verläuft der wissenschaftlich-technische, ökonomische, soziale, insgesamt gesellschaftliche Fortschritt des Sozialismus als dialektisch-historischer Prozeß, in dem sich aus einer Vielfalt von Möglichkeiten des Einflusses politischer, nationaler und internationaler Faktoren ein bestimmter, *historisch* konkreter Weg der Realisierung des Fortschritts auf der Grundlage der Ausnutzung allgemeingültiger Gesetze herausbildet. Die Vorstellung, wonach der Wirkungszusammenhang zwischen wissenschaftlichem Erkenntnisgewinn und seiner gesellschaftlichen Voraussetzungen und Folgen einem Mechanismus vergleichbar und ähnlich berechenbar sei, führt häufig zu unzulässigen Vereinfachungen. Die sozialistische Gesellschaft ist der höchst komplizierte lebende Organismus.

Daraus ergibt sich

*zweitens*, daß *alle* Kennziffern des Wirtschaftsprozesses Unschärfen enthalten und mehr oder weniger manipulierbar sind. Negative Erscheinungen verdichten sich, sobald einzelne Kennziffern bei der Bewertung und Stimulierung wirtschaftlicher Leistungen in den Vordergrund gerückt werden. Diese Erfahrungen wurden gleichermaßen bei synthetischen Kennziffern wie der Arbeitsproduktivitätskennziffer und absoluten wie dem Gewinn gemacht und sie bilden auch den Hintergrund für kritische Diskussionen über die Schwächen der Planung nach Warenproduktion. Auf keine dieser Kennziffern kann bei der Beurteilung und Stimulierung der ökonomischen Leistungen der Produktionskollektive, Betriebe und Kombinate verzichtet werden, aber jede von ihnen bewirkt Verzerrungen der Effektivität, wenn sie einseitig überbetont wird.

Im Ergebnis der Forschungen zur Bewertung ökonomischer Leistungen und besonders des Leistungszuwachses bei wissenschaftlich-technischem Fortschritt sind wir zu der Überzeugung gelangt, daß die diskrete Analyse der differenzierten qualitativen Indikatoren unerläßlich ist, um den gesellschaftlichen Nutzen und die ökonomische Effektivität jedes einzelnen wissenschaftlich-technischen Fortschritts zu bestimmen. Erst danach kann eine Modellbildung als Entscheidungshilfe herangezogen werden. In den bereits erwähnten Forschungen wurde für die Aufwand-Nutzen-Analyse materialökonomischer Substitutionsprozesse folgende Schrittfolge ausgearbeitet:

- Ermittlung und Analyse der tatsächlichen Aufwandsmengen aller am Substitutionsprozeß beteiligten Ausgangsmaterialien, Produkte und Technologien;
- Vergleich der Qualität der Ausgangsmaterialien und Produkte bzw. der Leistung der Technologien in bezug auf den Grad ihrer Eignung für denselben oder einen höheren Verwendungszweck in der Produktion;
- Umrechnung der tatsächlichen Aufwandsmengen pro Qualitäts- bzw. Leistungseinheit und Vergleich dieser kalkulatorischen Größen untereinander;
- Identifizierung und Berechnung des Einflusses der Substitutionsprodukte bzw. -technologien auf den Aufwand in den nachgelagerten Produktionsstufen;
- Ermittlung des Einflusses der verwendeten Ausgangsmaterialien, der Substitutionsprodukte und -technologien auf die Arbeitsbedingungen in den Herstellungs- und Anwendungsprozessen sowie auf die Umwelt;
- Zusammenfassung der Auswirkungen der Substitution auf den tatsächlichen volkswirtschaftlichen Aufwand der entsprechenden Reproduktionslinien;
- Identifizierung der Endprodukte, die aus oder mit Hilfe der am Substitutionsprozeß beteiligten Materialien bzw. Technologien gefertigt werden;
- Ermittlung des Bedarfs bzw. Bedürfnisse an diesen Endprodukten und Vergleich mit dem tatsächlich oder geplanten Produktionsausstoß;
- ökonomische Bewertung der Divergenzen zwischen Bedarf bzw. Bedürfnissen und Produktion anhand der Abweichungen des gesellschaftlich notwendigen vom durchschnittlichen Arbeitsaufwand;
- Vergleich des Forschungs- und Entwicklungsaufwandes für die Neuerung mit dem für das abzulösende Verfahren bzw. Produkt;
- Zusammenfassung der Auswirkungen der Substitution auf den tatsächlichen volkswirtschaftlichen Aufwand der entsprechenden Reproduktionslinien mit ihrem ökonomisch bewerteten Einfluß auf den Grad der Bedarfs- bzw. Bedürfnisbefriedigung (Aufwand-Nutzen-Vergleich).

Ausgeführt werden können die einzelnen Schritte nur durch das interdisziplinäre Zusammenwirken verschiedener Forschungsrichtungen, um iterativ optimale Lösungen oder Entscheidungen zu erreichen. Oft werden die Gesellschaftswissenschaftler gefragt, welche Bedürfnisse in 15 bis 20 Jahren zu befriedigen sein werden, um daraus Forschungsziele für die Substitution von Technologien und Erzeugnissen abzuleiten.

Wir könnten die Gegenfrage stellen, welche neuen naturwissenschaftlichen Erkenntnisse wird es geben, durch deren technische Anwendung neue Bedürfnisse entstehen. Weder die eine noch die andere Fragestellung führt zum Ziel. Auf Einbahnstraßen sind die Probleme der Erhöhung des gesellschaftlichen Nutzens der Forschung nicht zu lösen. Damit komme ich zu meinem Ausgangspunkt des Zitats von HERMANN KLARE zurück. Fortfahrend im Zitat heißt es: „Uns ist klar, daß die in der Akademie vorhandenen reichen Möglichkeiten für das Zusammenwirken von Natur- und Gesellschaftswissenschaftlern nur dann ausgeschöpft werden, wenn von beiden Seiten Initiative und ernsthaftes Engagement entwickelt werden."[2] An uns soll es nicht fehlen.

[2] Ebenda.

V. V. Koršak

# Über Unregelmäßigkeiten der chemischen Struktur von Polymeren[1]

Strukturunregelmäßigkeiten von Polymeren treten bei der Anwesenheit anomaler Kettenglieder - wie im folgenden Schema verdeutlicht - auf:

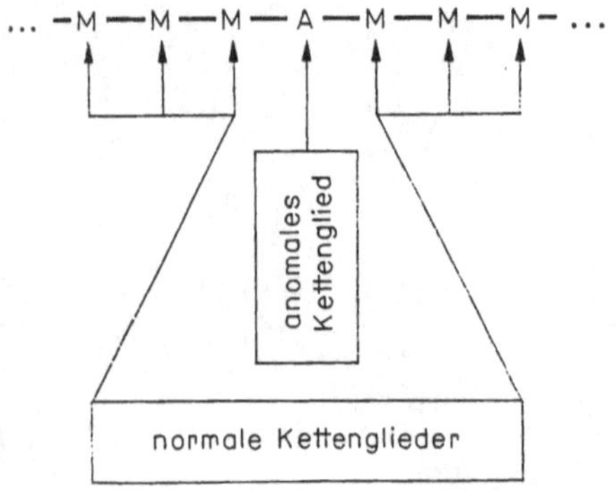


Die Anwesenheit anomaler Kettenglieder im Makromolekül kann durch folgende Formel ausgedrückt werden:

$$\left[ -(M)_{\boxed{m}} - (A)_{\boxed{n}} - \right]_x$$

wobei *M* ein normales und *A* ein anomales Kettenglied ist.

Die Anwesenheit anomaler Kettenglieder ist eine konventionelle Erscheinung bei allen gegenwärtig bekannten Polymeren [1].

Das kann man dadurch erklären, daß die Polymersynthese als Resultat einer Reihe von Umwandlungen betrachtet werden kann, die in Polymerisations-,

[1] Dieser Beitrag konnte aus Zeitgründen anläßlich des Kolloquiums nicht vorgetragen werden. Er wurde jedoch zur Veröffentlichung eingereicht.

Polykondensations- und Modifikationsprozessen vor sich gehen. Während der Synthese finden sowohl verschiedene Umwandlungen, die die Polymerisationsprozesse darstellen und die im weiteren ausführlicher besprochen werden, als auch eine Reihe von Nebenpolymerisationsreaktionen statt. Infolgedessen entstehen anomale Kettenglieder, und als Resultat bilden sich verschiedengliedrige Polymere. Erörtern wir einige Beispiele dazu.

Im vorliegenden Bericht wird das Material über die zur Zeit bekannten Verfahren der Polymersynthese sowohl im Laboratorium, als auch in der Natur mit dem Ziel dargelegt, die entsprechenden allgemeinen Gesetzmäßigkeiten aufzuklären.

Vor allem soll betont werden, daß jede chemische Reaktion der niedermolekularen Substanzen mehr oder weniger Nebenprodukte ergibt, die durch Reinigung entfernt werden und, folglich, die Qualität des Hauptproduktes nicht beeinflussen, indem sie nur seine Ausbeute herabsetzen. Bei der Bildung von Polymeren aber bleiben alle Nebenprodukte im entstehenden Polymeren als anomale Kettenglieder, und das ist einer der Gründe seiner Defektivität, der zu Strukturunregelmäßigkeiten des Polymeren führt [2-4]. Und die Auffassung von Nebenreaktionen in der Polymerenchemie gewinnt dementsprechend einen ganz anderen Sinn.

Infolgedessen und aus einigen anderen Gründen sind alle gegenwärtig bekannten Syntheseverfahren für Polymere mit der Entstehung von Strukturunregelmäßigkeiten bei den erhaltenen polymeren Strukturen verbunden [1]. Daraus folgt natürlicherweise die Aufgabe, die Reaktionsbedingungen zu untersuchen, die den Grad von Strukturunregelmäßigkeiten kontrollieren lassen, das heißt die Menge und die Natur von anomalen Kettengliedern im gegebenen Polymeren. Gleichzeitig ist es manchmal notwendig, Polymere ohne anomale Kettenglieder (Polymere mit Kettengliedern von demselben Typus) zu schaffen. Die Untersuchungen der Polymereigenschaften lassen einen Schluß ziehen, daß die anomalen Kettenglieder bei der Bestimmung eben jenes Komplexes der chemischen und physikalischen Eigenschaften eine bedeutende Rolle spielen, der das gegebene verschiedengliedrige Polymere charakterisiert. Darum soll man wissen, auf welche Weise dieser oder jener Typus anomaler Kettenglieder und ihre Zahl die Polymereigenschaften beeinflussen.

Ohne zu übertreiben, kann man sagen, daß auf der heutigen Etappe der Polymerwissenschaftsentwicklung die Polymersynthese als dominierende Richtung betrachtet werden soll. Und aus dem obengesagten folgt, daß ebenso wichtig die Untersuchung und die Anwendung von verschiedengliedrigen Polymeren ist, die durch die molekulare Heterogenität charakterisiert werden, weil verschiedenartige Aufgaben der modernen Wissenschaften und Technik nur auf diesem Wege gelöst werden können. Darum, obwohl die allgemeine Formel so aussieht $-(M)_{\overline{x}}$, wobei $M$ der Monomerenrest ist, stellt sie eine idealisierte Formel dar, die nie in der Praxis realisiert wird. Es ist richtiger, die Struktur eines realen verschiedengliedrigen Polymeren durch folgende Formel auszudrücken:

$$\left[\!-\!(M)\!-\!-\!-\!(A)\!-\!\right]_x \quad \text{mit } \boxed{m} \text{ unter } (M),\ \boxed{n} \text{ unter } (A)$$

wo *A* ein anomales und *M* ein normales Kettenglied ist. Die Koeffizienten in Quadraten bedeuten statistische Verteilung dieser Kettenglieder [4].

Copolymere, die bei Copolymerisation von zwei und mehreren ungesättigten Monomeren oder bei Polykondensation eines Gemisches von zwei und mehreren Ausgangssubstanzen (Monomeren), die auch oft gemischte Polymere genannt werden, entstehen, gehören alle zu verschiedengliedrigen Polymeren entsprechend der Definition [1, 4]. Wir halten es für unzweckmäßig, den Begriff „Copolymere" über die Grenzen der in der Copolymerisation oder Copolykondensation entstehenden Polymeren zu erweitern. Aus diesem Grunde sollen die polymeren Strukturen, die sich durch Substitution, Oxydation und dergleichen Reaktionen bilden, nicht zu Copolymeren gezählt werden. Es ist richtiger, solche Polymere nur als verschiedengliedrige Polymere zu betrachten, da der Begriff „verschiedengliedrige Polymere" breiter als der Begriff „Copolymere" ist. Es ist zweckmäßig, die Benennung „Copolymere" den Verbindungen vorzubehalten, die durch Copolymerisation oder Copolykondensation von zwei und mehreren Monomeren hergestellt werden. Der Begriff „verschiedengliedrige Polymere" umfaßt nicht nur Copolymere, die durch die übliche Copolymerisation von zwei und mehreren Monomeren gewonnen werden, sondern auch alle Polymeren, deren Kettenglieder infolge der Nebenreaktionen in Polymerisations- und Polykondensationsprozessen, sowie auch infolge der Substitution im Polymermakromolekül entstehen. Der Aufbau von verschiedengliedrigen Polymeren wird oft wie die Mikrostruktur der Kettenmoleküle bezeichnet. In diesem Fall berücksichtigt man nicht nur die Unterschiede in der Zusammensetzung und der Struktur des Kettengliedes, sondern auch die Verzweigung, die Vernetzung, den Typus der chemischen Bindungen zwischen den Kettengliedern, die stereochemische Ordnung der Struktur des Kettengliedes und des ganzen Makromoleküls und andere Besonderheiten des Aufbaus, die anomale Kettenglieder hervorrufen.

Schon seit langem wird solchen Besonderheiten auf dem Gebiet von Elastomeren große Aufmerksamkeit gewidmet. Die erfolgreiche Anwendung dieser Betrachtung auf thermobeständige Polymere ließ die Abhängigkeit der Thermobeständigkeit einer großen Gruppe von Polyheteroarylenen von den Reaktionsbedingungen und den Aufbaubesonderheiten erklären [5]. Die Nichtübereinstimmung zwischen der realen und erwarteten Thermobeständigkeit einiger Polyheteroarylene hat seit langem die Aufmerksamkeit der Gelehrten auf sich gezogen. Die Untersuchungen zum Verhalten verschiedener Polymerer bei Erhitzung zeigte, daß diese Nichtübereinstimmung hauptsächlich von anomalen Kettengliedern herrührt, was zu Strukturunregelmäßigkeiten von Polymeren führt [6]. Verschiedengliedrige Polymere enthalten im Fall von Polyheteroarylenen unzyklisierte Ausgangskettenglieder, die hinsichtlich der Endhauptstruktur anomal sind, wie man es am Beispiel von Polyimiden sehen kann:

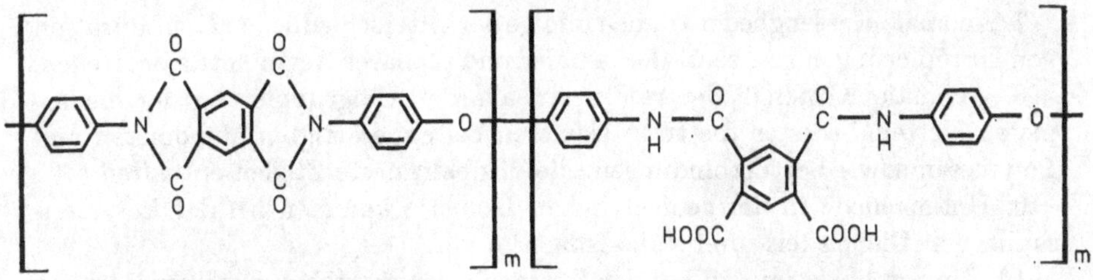


Es stellte sich heraus, daß diese anomalen Kettenglieder weniger thermobeständig sind und sich bei einer niedrigeren Temperatur zersetzen als normale zyklisierte Kettenglieder. Und das bedingte eine niedrigere Thermobeständigkeit von verschiedengliedrigen Polymeren, die nicht vollständig zyklisierte Kettenglieder enthalten [5, 6].

Nachdem so eine offenbare Abhängigkeit der physikalischen und chemischen Eigenschaften von Polyheteroarylenen von der Struktur festgestellt worden war, haben wir diese Wechselbeziehungen in anderen Polymerklassen untersucht und uns davon überzeugt, daß diese Abhängigkeit einen allgemeinen Charakter hat, wie im folgenden gezeigt wird.

### *1. Arten von Strukturunregelmäßigkeiten*

Betrachten wir nun die Arten von Strukturunregelmäßigkeiten der Makromoleküle und die Wege der Entstehung der entsprechenden anomalen Kettenglieder, die zur Bildung von verschiedengliedrigen Polymeren führen.

1. Anomale Kettenglieder entstehen bei Polymerisation und Polykondensation infolge der Vernetzung, der Bildung von Seitengruppen und verschiedener Verzweigungen.

2. Verschiedene Kombinationen von Kettengliedern im Polymerisations- und Polykondensationsprozeß (Kopf-zu-Kopf und Kopf-zu-Schwanz) ergeben auch anomale Kettenglieder.

3. Bei der Radikalpolymerisation können sich auch Doppelbindungen in der Kette oder in Seitenzweigen bilden.

4. Bei der Polymerisation entstehen infolge Kettenübertragung kurze und lange Verzweigungen, die zur Bildung verzweigter Polymere führen, die tertiäre Wasserstoff- oder Halogenatome enthalten.

5. Bei der Polymerisation und Polykondensation kann die Kettengliedisomerisierung stattfinden, die zur Bildung anomaler Kettenglieder mit einer isomeren Struktur führt.

6. Anomale Kettenglieder können infolge verschiedener Konfiguration asymmetrischer Kohlenstoffatome, die die Makromolekülkettenglieder bilden, entstehen.

7. Anomale Kettenglieder können infolge der unterschiedlichen Konfiguration von Gruppierungen mit zentraler, axialer und planarer Asymmetrie entstehen.

8. Anomale Kettenglieder resultieren aus der Umgruppierung der cis-isomeren Kettenglieder in die trans-isomeren bei ungesättigten Monomeren und Polymeren sowie bei Verbindungen, die disubstituierte Zyklen enthalten.

9. Unterschiede in der geometrischen Isomerie kommen bei der Polymerisation von Dienen (cis- und trans-Isomerie) vor.

10. Unterschiede im Aufbau der Kettenglieder entstehen auch als Resultat der Konformationsasymmetrie und der gehinderten Rotation der Kettenglieder.

11. Anomale Kettenglieder bilden sich bei der unvollständigen Trimerisierung in der Polyzyklotrimerisierungsreaktion von Diinen und Dinitrilen.

12. Anomale Kettenglieder sind auch als Reste der unvollendeten Bildung von Karbo- oder Heterozyklen bei der Polyzyklisiering oder Polyzyklokondensation möglich.

13. Anomale Kettenglieder entstehen auch bei Copolymerisation und Copolykondensation.

14. Verschiedengliedrige Polymere bilden sich bei der unvollständigen und unregulären Substitution und anderen chemischen Umwandlungen der Kettenglieder im Makromolekül während der chemischen Modifikation von Polymeren (Chlorierung, Oxydation, Dehydratation und dergleichen).

15. Anomale Kettenglieder bilden sich infolge chaotischer Anordnung der Vernetzungen in dreidimensionalen strukturierten Polymeren.

16. Anomale Kettenglieder resultieren auch aus der statistischen Anordnung der Kettenglieder mit verschiedener Konfiguration in ataktischen Polymeren.

17. Pfropf- und Blockcopolymere sind auch Vertreter einer eigentümlichen Gruppe von verschiedengliedrigen Polymeren.

18. Aromatische Gruppen in der aliphatischen Kette sowie auch aliphatische Kettenglieder unter den aromatischen bei der unregulären Anordnung ergeben verschiedengliedrige Polymere.

19. Hydroaromatische Kettenglieder unter den aromatischen als Resultat unvollständiger Aromatisierung oder Hydrierung führen auch zu verschiedengliedrigen Polymeren.

20. Verschiedene Anordnung von Substituenten im aromatischen, hydroaromatischen oder heterozyklischen Kern (o-, m-, p- und dergleichen) ruft auch die Bildung von verschiedengliedrigen Polymeren hervor.

21. Anomale Kettenglieder in Makromolekülen der natürlichen Polymeren entstehen in biologischen Prozessen der Bildung und der Lebenstätigkeit der Zellen, indem sie in der Nukleinsäurestruktur programmiert worden sind.

Anomale Gruppen

| Formel der Gruppe | Formel des Kettengliedes | Reaktion zur Bildung einer anomalen Gruppe |
|---|---|---|
| 1 | 2 | 3 |
| R | $-CH_2{=}CH-$<br>\|<br>R | Intramolekulare Kettenübertragung |
| R | $-CH_2-CH-$<br>\|<br>$(CH_2)_x\ CH_3$ | Intermolekulare Kettenübertragung |
| $-CH{=}CH-$ | $-CH_2-CH{=}CH-CH_2-$ | Abspaltung von Wasserstoff oder Halogen |
| $-CH{=}CH_2$ | $-CH_2-CH-$<br>\|<br>$CH{=}CH_2$ | Polymerisation von Dienen in 1,2-Stellung |
| $-CH-$<br>\|<br>$-CH-$ | $-CH_2-CH-CH_2-CH_2-$<br>\|<br>$-CH_2-CH-CH_2-CH_2-$ | Strukturierung des Polymeren durch ionisierte Strahlung und chemische Reaktion |
| $-O-O-$ | $-CH_2-O-O-CH_2-$ | Copolymerisation mit Sauerstoff |
| $-A-$ | $-M-A-M-$ | Copolymerisation |
| $-CHX-CHX-$ | $-CH_2-CHX-CHX-CH_2-$ | Kombination der Kettenglieder „Kopf-zu-Kopf“ |
| 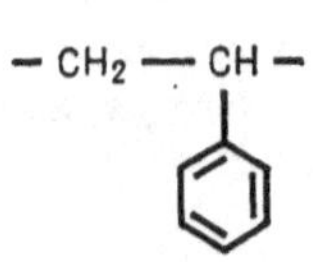 | 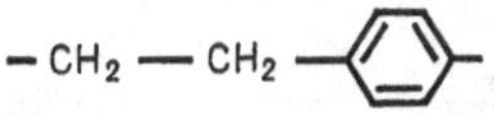 | Isomerisierung des Monomeren |
| $-M-$ | $-A-M-A-M-M-$ | Ataktische Polymerisation |
| 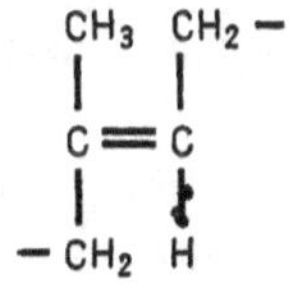 | 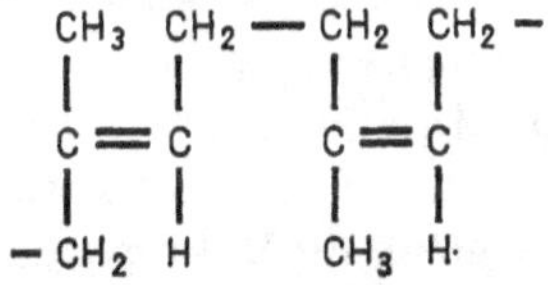 | Polymerisation des Isoprens |

Fortsetzung

| 1 | 2 | 3 |
|---|---|---|
| 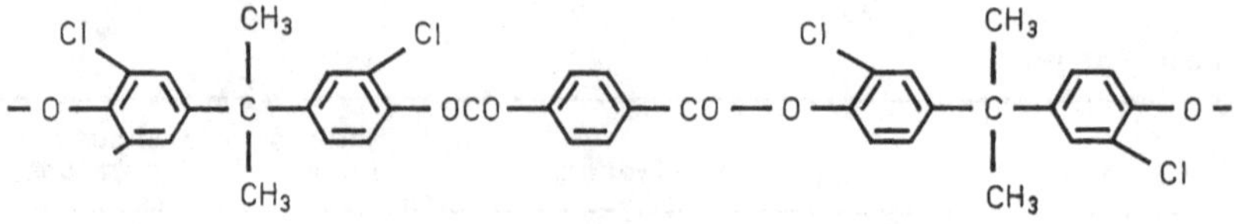 | | |
| cis- und trans-Konformation | | Stereospezifische Polykondensation |
| 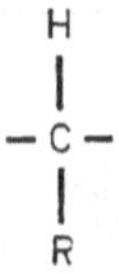 | 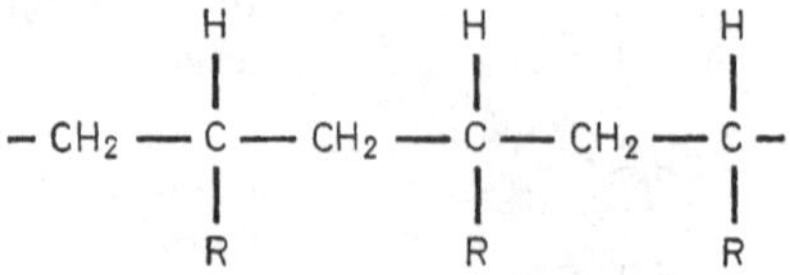 | Stereospezifische Polymerisation |
| $-CH=CH-CH=CH-$ | 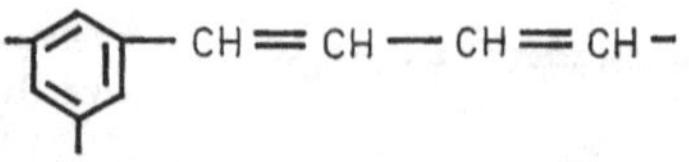 | Polyzyklotrimerisierung von Diinen |
| 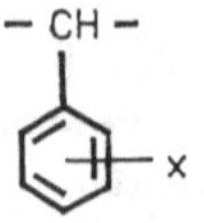 | 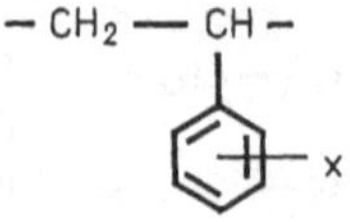 | Unvollständige Substitution in der Phenylgruppe |
| $-CH_2-CHCl-$ | $-CH_2-CHCl-CCl_2$ | Unvollständige Substitution bei der Chlorierung |
|  |  | Unvollständige Aromatisierung von carbozyklischen Kettengliedern |
|  | 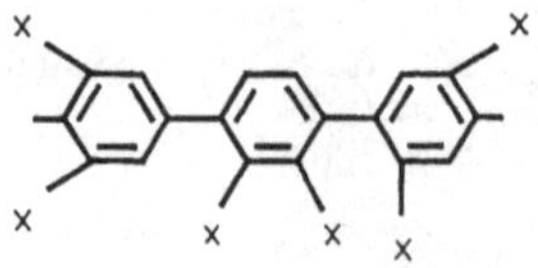 | Verschiedene Anordnung der Substituenten infolge der Substitutionsreaktion |

22. Die Bildung von nicht programmierten anomalen Kettengliedern in natürlichen Polymeren infolge Störung der programmierten natürlichen Polykondensationsprozesse (statistische Mutation).

23. Strukturunregelmäßigkeit kann infolge statistischer Anordnung von Isotopen der polymerbildenden Elemente im Makromolekül entstehen.

Da die Strukturunregelmäßigkeit praktisch immer durch anomale Kettenglieder hervorgerufen wird, soll bemerkt werden, daß als solche verschiedene Gruppierungen dienen können, die in Tabelle 1 angeführt sind.

Es ist bemerkenswert, daß eine beliebige Gruppe oder ein einzelnes Atom als anomale Kettenglieder wirken können.

Aber anomal kann nur diejenige Gruppe sein, die im Makromolekül statistisch verteilt ist. Darum wird zum Beispiel die Propandiylgruppe $-\mathrm{CH_2}-\underset{\mathrm{CH_3}}{\underset{|}{\mathrm{CH}}}-$ in Polypropylen als ein normales Kettenglied und in Polyethylen als ein anomales Kettenglied betrachtet.

*2. Der Koeffizient der Strukturunregelmäßigkeiten*

Es scheint uns nützlich zu sein, für die quantitative Charakteristik der Strukturunregelmäßigkeiten von Polymeren den Begriff „Koeffizient der Strukturunregelmäßigkeiten" oder „Grad der Strukturunregelmäßigkeiten" einzuführen, was das Verhältnis zwischen der Anzahl anomaler und normaler Kettenglieder ausdrückt [1]:

$$K_{\mathrm{versch.}} = \frac{[A]}{[M]}$$

Im mehr verallgemeinerten Fall der Bildung von verschiedengliedrigen Polymeren mit verschiedenen anomalen Kettengliedern kann diese Formel folgendermaßen geschrieben werden:

$$K_{\mathrm{versch.}} = \frac{[A_1] + [A_2] + [A_3]}{[M]}$$

Gleichzeitig soll der Unterschied der Geschwindigkeit der Hauptpolymerisations- und Polykondensationsreaktionen und der anomale Kettenglieder ergebenden Nebenreaktionen berücksichtigt werden, da davon die Anzahl der anomalen Kettenglieder im Polymeren abhängt.

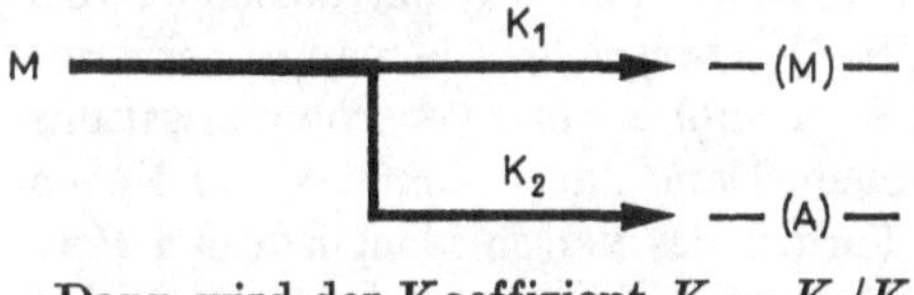


Dann wird der Koeffizient $K = K_2/K_1$ ($K_1$ und $K_2$ - die Geschwindigkeitskonstanten dieser Reaktionen) das Verhältnis der Geschwindigkeiten dieser beiden Reaktionen und folglich die Anzahl der anomalen Kettenglieder im Makromolekül des verschiedengliedrigen Polymeren charakterisieren [1].

Wir stellen uns nicht die Aufgabe, weitgehend alle zu verschiedengliedrigen Polymeren führenden Reaktionen zu besprechen, da es der begrenzte Umfang des Berichtes nicht ermöglicht. Wir möchten aber einige Beispiele anführen, die die obenerwähnten Resultate ergeben und die Richtung der gegenwärtig angewendeten Reaktionen der Polymersynthese charakterisieren.

Es gibt recht viele Gründe, die die Strukturunregelmäßigkeiten von Polymeren hervorrufen. Jeder von ihnen ist genügend bedeutend. Und außerdem wirken nicht selten mehrere Faktoren, die diese Wirkung verstärken und den ganzen Komplex physikalischer und chemischer Eigenschaften von Polymeren durch Strukturunregelmäßigkeiten noch mehr beeinflussen lassen. Im Zusammenhang damit steht das Problem der Kontrolle von Strukturunregelmäßigkeiten. Dazu muß man die Reaktionen gut kennen, die die Bildung von anomalen Kettengliedern und folglich Strukturunregelmäßigkeiten hervorrufen [20]. Darum berühren wir kurz die diese Reaktionen hervorrufenden Faktoren und das Problem der Kontrolle dieser Reaktionen.

Wir betrachten nur solche Reaktionen, die für einen Kreis von Umwandlungen typisch sind. Weitgehender sind diese Reaktionen in speziellen Übersichtsartikeln und Monographien dargelegt [1, 2, 4, 7, 15]. In der Radikalpolymerisation verlaufen einige nacheinanderfolgende Reaktionen, die zur Bildung eines Polymeren führen. Nennen wir sie „den Komplex normaler Polymerisationsreaktionen". Hierher gehören die Reaktionen des anfänglichen Kettenwachstums, des Kettenwachstums, des Kettenabbruches, die während des Polymerisationsprozesses nacheinander ablaufen.

Neben dem Komplex normaler Polymerisationsreaktionen wird auch „der Komplex von Nebenpolymerisationsreaktionen" beobachtet, der zur Bildung anomaler Kettenglieder führt.

Die Radikalpolymerisation wird durch solche Reaktionen der Bildung anomaler Kettenglieder charakterisiert wie Verzweigung, Rekombination, Kettengliedisomerisierung, verschiedene Kettengliedkombinationen, sterische Unordnung, Copolymerisation, sowie auch durch solche Doppelbindungen ergebenden Reaktionen, wie Dehydrierung, Dehydrochlorierung, Dehydratation und dergleichen [8]. All diese Nebenpolymerisationsreaktionen verlaufen gleichzeitig mit der Kettenwachstumsreaktion und werden durch die erhöhte Temperatur, verschiedene Salze und andere Verbindungen, die als Katalysatoren wirken, beschleunigt. Diese Reaktionen liefern Polyethylen, dessen Aufbau durchaus nicht der Formel $-(-CH_2-CH_2-)_{\overline{x}}$ entspricht, wie man es beim normalen Polymerisationsverlauf mit „dem Komplex normaler Polymerisationsreaktionen" im Einklang erwarten können. Dank „dem Komplex von Nebenpolymerisationsreaktionen" wird die Formel des verschiedengliedrigen Polyethylens komplizierter:

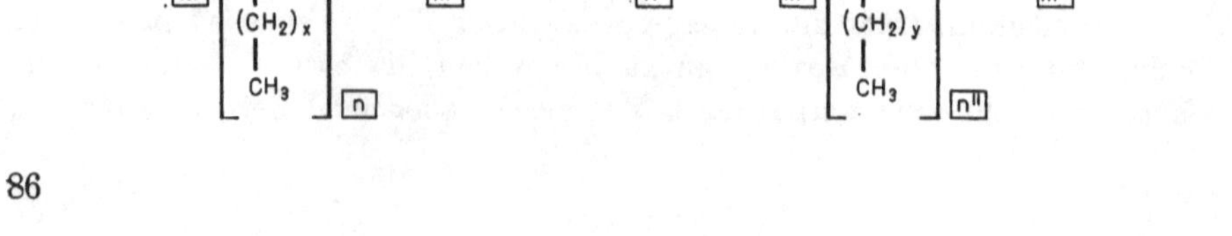

Diese Formel zeigt das Resultat der Nebenreaktionen, die zur Bildung einer Reihe von anomalen Kettengliedern und zur Entstehung eines verschiedengliedrigen Polymeren führen [7, 8].

Im Fall der ionischen und Ionisch-Koordinationspolymerisation, spielt neben den Faktoren, die den Komplex von Nebenpolymerisationsreaktionen ausmachen, die für stereospezifische Polymerisation sehr charakteristische sterische Unordnung auch eine wesentliche Rolle [8]. Eine große Bedeutung hat die bei Isomerisierungspolymerisation oft vorkommende Isomerisierung unter dem Einfluß von Katalysatoren [8].

Unter den Polykondensationsreaktionen finden wir neben dem Komplex normaler Polykondensationsreaktionen auch solche wie Makromolekülverzweigung, Copolykondensation, verschiedene Kombinationen asymmetrischer Kettenglieder, unvollständige Zyklisierung von Carbo- und Heterozyklen, stereospezifische Polykondensation, sterische Unordnung von Kettengliedern, Kettengliedisomerisierung, Strukturierung und andere Reaktionen, die „den Komplex von Nebenpolykondensationsreaktionen" darstellen [9, 12, 13]. All diese Reaktionen sind gegen Temperaturänderung und Reagenskonzentration empfindlich und werden durch Salze, Lösungsmittel und andere katalytisch wirkende Substanzen beschleunigt [13].

Eine sehr interessante Art von Strukturunregelmäßigkeiten bei der Polykondensation stellt die Bildung von isomeren stereospezifischen Polyarylaten dar, die sich in ihren Eigenschaften infolge Konformationsisomerisierung unterscheiden [12].

Es ist interessant, daß sich anomale Kettenglieder bei Gleichgewichts- und Nichtgleichgewichtspolykondensation verschiedenerweise bilden, was bei der Betrachtung dieser Frage berücksichtigt werden soll [14, 21].

Bei der Modifikation von synthetischen und natürlichen Polymeren ergibt sich die Strukturunregelmäßigkeit aus solchen Nebenmodifikationsreaktionen wie unvollständige Substitution in Makromolekülen, Pfropfung auf die Makromoleküle, Oxydation, Chlorierung und dergleichen Makromolekülreaktionen, unregelmäßige Strukturierung, unvollständiger Austausch in Heterokettenpolymeren und andere Reaktionen verschiedener chemischer Natur [10].

Neben den obenerwähnten Gründen wird die Entstehung von Strukturunregelmäßigkeiten von Polymeren dank den Isotopenatomen in Makromolekülen der Ausgangsmonomeren und -polymeren recht oft beobachtet. Dieser Faktor ist besonders darum wichtig, da jedes zur Polymersynthese verwendete Element einige Isotope hat. An dem Beispiel mit Wasserstoff wurde gezeigt, daß die Substitution von Wasserstoff im Polyethylen durch Deuterium den Komplex physikalischer und chemischer Eigenschaften merklich ändert [17]. Geändert werden solche Eigenschaften wie Dichte, Einfriertemperatur, Schmelzpunkt, Fließtemperatur, Kristallinität, Thermobeständigkeit, Oxydationsbeständigkeit usw. [7, 17].

Es ist zweifellos, daß eines der wichtigsten Probleme der modernen Chemie die Feststellung des Zusammenhanges zwischen den Eigenschaften der Substanz und ihrem chemischen Aufbau ist.

Besonders klar kommt die Bedeutung dieses Problems auf dem Gebiet der hochmolekularen Verbindungen zutage, wo die Herstellung von Materialien mit gewünschtem Komplex chemischer und physikalischer Eigenschaften das führende Problem der modernen Polymersynthese ist. Die Lösung dieser Aufgabe ist unvermeidlich mit der Notwendigkeit verbunden, die Beziehungen zu kennen, die den ganzen Komplex von Eigenschaften des gegebenen Polymeren bestimmen. Und wenn wir auf der früheren Etappe der Entwicklung der Polymerwissenschaft mit der Vorstellung von der Struktur der hochmolekularen Verbindungen als Substanzen mit großen, einförmig aufgebauten Makromolekülen befriedigt wurden, so sind diese Vorstellungen mit Vertiefung unserer Kenntnisse von der Struktur der Polymeren und mit Anwachsen der Forderungen der Technik und der Industrie ungenügend geworden.

Es ist heute die Notwendigkeit entstanden, unsere Kenntnisse von Makromolekülen zu vertiefen und genauere Zusammenhänge zwischen den Eigenschaften und der Struktur von Polymeren zu finden. Dazu ist es notwendig, die in der Wissenschaft vorhandenen Angaben über solche Zusammenhänge zu betrachten und zu verallgemeinern.

Wie man sehen kann, gibt es recht viele Faktoren, die die Bildung von verschiedengliedrigen Polymeren hervorrufen, und in jeder Art der synthetischen Reaktionen (Polymerisation, Polykondensation und Modifikation) finden wir eigenartige Reaktionen, die Strukturunregelmäßigkeiten bedingen [17]. Zur Anschaulichkeit sind im folgenden Schema die Gründe der Entstehung von Strukturunregelmäßigkeiten in verschiedenen Reaktionen der Polymersynthese angeführt.

Interessant ist die Strukturunregelmäßigkeit bei solchen natürlichen Polymeren wie Cellulose, Kautschuk, Stärke, Polypeptide, Nukleinsäuren und andere.

Die natürlichen Polymeren, wie Cellulose und Kautschuk, deren Synthese in der lebenden Zelle unter Kontrolle komplizierter Fermentsysteme vor sich geht, enthalten dennoch einige anomale Kettenglieder und sind verschiedengliedrig. Cellulose enthält offene Kettenglieder und Kautschuk hat trans-Kettenglieder [18].

Polypeptide, Polynukleotide und dergleichen Verbindungen sind Copolymere, die aus diesem Grunde als verschiedengliedrige Polymere betrachtet werden sollen. Außerdem finden wir nicht selten gelegentliche anomale Kettenglieder, die im Fall von Polynukleotiden der Grund der erblichen Krankheiten sein können.

Man kann also schließen, daß es in der Synthese von natürlichen Polymeren etwas von Unbestimmtheit gibt, was die Bildung anomaler Kettenglieder hervorruft und eine 100%ige Heterogenität der in der Natur erhaltenen Homopolymeren verhindert [18].

**Gründe der Bildung von verschiedengliedrigen Polymeren**

- **in Polymerisation**
  - Anwesenheit der Isotopatome in Monomermolekülen
  - Verzweigung der Makromoleküle
  - Isomerisierung der Kettenglieder
  - Copolymerisation
  - Verschiedene Kombination der Kettenglieder
  - Rekombination der Makroradikale
  - Dehydrierung
  - Dehydrochlorierung
  - Sterische Unordnung
  - Strukturierung
  - Verschiedene Nebenreaktionen
- **in Polykondensation**
  - Anwesenheit der Isotopatome in Monomermolekül
  - Verzweigung der Makromoleküle
  - Copolykondensation
  - Verschiedene Kombination der asymmetrischen Kettenglieder
  - Unvollständige Zyklisierung
  - Stereospezifische Polykondensation
  - Sterische Unordnung der Kettenglieder
  - Isomerisierung der Kettenglieder
  - Strukturierung
  - Andere Nebenreaktionen
- **in Modifikation**
  - Anwesenheit der Isotopatome in Polymermakromolekülen
  - Unvollständige Substitution in Makromolekülen
  - Pfropfung auf die Makromoleküle
  - Oxydation der Makromoleküle
  - Unregelmäßige Strukturierung
  - Andere Nebenreaktionen

Wir haben also die Verfahren der Polymersynthese wie Polymerisation, Polykondensation und Modifikation betrachtet. Man kann sehen, daß sie alle von Reaktionen begleitet werden, die zur Bildung anomaler Kettenglieder und folglich zur Entstehung der Strukturunregelmäßigkeiten in Polymeren führen. Daraus kann man schließen, daß alle bekannten Verfahren der Polymersynthese noch sehr unvollkommen sind.

Eine wichtige Rolle in der Entstehung der Strukturunregelmäßigkeiten soll anscheinend die Anwesenheit der Isotope in Polymeren spielen.

Letzten Endes finden wir auch in natürlichen Polymeren solch eine Strukturunregelmäßigkeit, die von der unvollkommenen Kontrolle der Polymersynthese in der lebenden Zelle zeugt.

Betrachten wir jetzt die Bedeutung der Strukturunregelmäßigkeiten von Polymeren unter dem Gesichtswinkel des Einflusses dieser Erscheinung auf den ganzen Komplex physikalischer und chemischer Eigenschaften von Polymeren. Die Anwesenheit anomaler Gruppierungen beeinflußt merklich den ganzen Komplex physikalischer Eigenschaften des Polymeren, indem sie die Ordnung der Makromoleküle erschweren und infolgedessen die Kristallisation des Polymeren hindern, die Dichte vermindern und den Schmelzpunkt, Einfrier-, Erweichungs- und Fließtemperaturen herabsetzen. Gleichzeitig nimmt die Löslichkeit und die Elastizität zu und die mechanische Festigkeit ab [1, 16].

Die chemischen Eigenschaften der verschiedengliedrigen Polymeren unterscheiden sich auch von denen der analogen einkettengliedrigen Homopolymeren. Das zeigt sich vor allem in der Tatsache, daß die verschiedengliedrigen Polymeren durch eine höhere Reaktionsfähigkeit bei Chlorierung, Oxydation und Zersetzung des Polymeren charakterisiert werden, was auf die Anwesenheit von tertiären Wasserstoffatomen in Verzweigungen und Gruppierungen „Kopf-zu-Kopf" zurückzuführen ist [1, 4].

Analogerweise verläuft die Hydrolyse von Cellulose in der ersten Stufe dank der reaktionsfähigeren „offenen" Gruppierungen schneller [1, 4].

Stereoreguläre Polymere erweisen sich als thermobeständiger im Vergleich zu ähnlich aufgebauten ataktischen Polymeren. Dasselbe beobachtet man bei Polyheteroarylenen, deren Thermobeständigkeit in Anwesenheit von „defekten" unzyklisierten Kettengliedern abnimmt [1, 4]. Sie beginnen sich bei niedrigeren Temperaturen zu zersetzen, was die Thermobeständigkeit von Polyheteroarylenen herabsetzt [11, 19].

Man hat also allen Grund anzunehmen, daß die Strukturunregelmäßigkeit von Polymeren die Reaktionsfähigkeit erhöht und die Thermobeständigkeit herabsetzt.

Die Abhängigkeit der Polymereigenschaften vom Grad und Charakter ihrer Strukturunregelmäßigkeit soll betrachtet werden unter Berücksichtigung der Verwendungsbeidngungen und der Anforderungen, die an sie gestellt werden. Darum ist in einigen Fällen die Strukturunregelmäßigkeit ein negativer Faktor, indem sie die Eigenschaften des Polymeren herabsetzt. In anderen Fällen ist sie positiv und verbessert die Charakteristik des entsprechenden Polymeren [1, 4].

Anscheinend wird der erstere Fall beim Einsatz des Polymeren unter extremen Bedingungen beobachtet, das heißt in dem Fall, wenn es die höchsten Kennziffern haben soll, zum Beispiel die der Thermo-, Oxydations-, Lösungsmittelbeständigkeit und der mechanischen Festigkeit. In diesen Fällen soll der Grad der Strukturunregelmäßigkeit anscheinend niedrig sein, da er ein negativer Faktor ist. Positiv wird die Strukturunregelmäßigkeit offenbar dann sein, wenn es notwendig ist, die Löslichkeit und die Elastizität des Polymeren zu verbessern und seinen Schmelzpunkt und die Erweichungstemperatur zu senken, was auch recht oft verlangt wird [1, 4].

Ein Beispiel dazu ist das Hochdruckpolyethylen (niedrige Dichte), das, wenn es auch durch Polymerisation von Ethylen gewonnen wird, sich im Komplex seiner Eigenschaften vom Niederdruckpolyethylen (hohe Dichte) wesentlich unterscheidet.

Da sich die Strukturunregelmäßigkeit auf Nebenreaktionen während der Polymersynthese durch Polymerisation, Polykondensation und Modifikation gründet, eröffnet sie neue Wege, aus einem und demselben Monomeren eine Reihe verschiedener Polymerer herzustellen.

*Literatur*


[1] Koršak, V. V., Vysokomol. soed., **19A**, 1977, 1179.

[2] Koršak, V. V., Tezisy dokladov meždunar. mikrosimposiuma po polokondensacii, Kiev, 1971.

[3] Koršak, V. V., Vysokomol. soed., **15A**, 1973, 298.

[4] Koršak, V. V., Uspechi chimii, **42**, 1973, 695.

[5] Koršak, V. V., Chimiceskoe stroenie i temperaturnye charakteristiki polimerov, Nauka, M., 1970, 376–379.

[6] Koršak, V. V., Ju. E. Dorošenko, V. A. Chomutov, Vysokomol. soed. **15A**, 1973, 2020.

[7] Koršak, V. V., Vysokomol. soed., **18A**, 1976, 1443.

[8] Koršak, V. V., N. M. Kozyreva, Uspechi chimii, **48**, 1979, 5.

[9] Koršak, V. V., Raznozvennost' polimerov, Nauka, M., 1977, 18.

[10] Koršak, V. V., a.a.O., 22–76.

[11] Koršak, V. V., a.a.O., 81–136.

[12] Koršak, V. V., S. V. Vinogradova, V. A. Vasnjov, Faserforschung und Textiltechnik, **28**, 1977, 491.

[13] Koršak, V. V., a.a.O., 561.

[14] Koršak, V. V., S. V. Vinogradova, Neravnovesnaja polikondensacija, Nauka, M., 1972.

[15] Koršak, V. V., S. V. Vinogradova, Ravnovesnaja polikondensacija, Nauka, M., 1968.

[16] Koršak, V. V., Raznozvennost' polimerov, Nauka, M., 1977, 156–185.

[17] Koršak, V. V., N. M. Kozyreva, G. N., Menčikova, A. V. Gorškova, E. A. Grigorjan, F. S. D'jačkovskij, Vysokomol. soed., **20A**, 1979, 144.
[18] Koršak, V. V., Raznozvennost' polimerov, Nauka, M., 1977, 190.
[19] Illes, K.-H., Ber. Bunsenges., Phys. Chem., **70**, 1966, 353.
[20] Nečaev, P. P., Ja. S. Vygodskij, G. E. Zaikov, S. V. Vinogradova, Vysokomol. soed., **18A**, 1976, 1667.
[21] Koton, M. M., Vysokomol. soed., **19A**, 1977, 1419.